小百科丛书

宇宙知识小百科

许庆龙　主编

黄河水利出版社
·郑州·

图书在版编目(CIP)数据

宇宙知识小百科/许庆龙主编．—2版．—郑州：黄河水利出版社，2012．2
(小百科丛书)
ISBN 978－7－5509－0209－1

Ⅰ．①宇…　Ⅱ．①许…　Ⅲ．①宇宙－少儿读物
Ⅳ．①P159－49

中国版本图书馆CIP数据核字(2012)第017783号

出 版 社：黄河水利出版社
地址：河南省郑州市顺河路黄委会综合楼14层　　邮政编码：450003
发行单位：黄河水利出版社
发行部电话：0371－66026940、66020550、66028024、66022620(传真)
E-mail：hhslcbs@126.com
承印单位：河南地质彩色印刷厂
开本：787 mm×1092 mm　1/16
印张：13
字数：230千字　　　　印数：1—1 100
版次：2012年2月第2版　　　　印次：2012年2月第1次印刷

定价：29.00元

前　言

自古以来，人类就对浩瀚无垠的宇宙充满了好奇。当我们仰望着夜晚天空时，总会看见满天的星星与悄悄改变模样的月亮，而白天看着无边无际蓝天时，也会忍不住思考着，为什么太阳总是这么炙热？对于宇宙中的事物，你是否存在着许多疑问？“宇宙”到底是怎样一个概念？为什么说人类可能移居月球？银河系是如何产生的？夜空中为什么会出现形态各异的星座？

透过这本书，帮助我们学习了解环绕着地球的宇宙，所蕴含的神秘事物，例如：太阳、类地行星（水星、金星、火星和地球）、类木行星（木星、土星、天王星、海王星）、冥王星、月亮、无数的星球、各式各样的星座、宇宙的奥妙、星座和神话的起源、大爆炸、宇宙中是否有其他生命体及更多有趣的事物。

本书是一本专门为青少年量身打造的有关宇宙的小百科全书。《宇宙知识百科》中浅显易懂的文字，生动有趣的故事使青少年在掌握丰富知识的同时，有种宛如在太空遨游的感受。

编　者

2011 年 9 月

目录

前言

第一篇　浩瀚苍穹——太空基础知识篇

第一节　星际旅行——认识宇宙 ……………………………… (1)
1. 茫茫无涯——宇宙 ……………………………… (1)
2. 无限遐想——古今宇宙观 ……………………………… (2)
3. 灿烂星河——银河 ……………………………… (3)
4. 遥远缥缈——星系 ……………………………… (4)
5. 雾状尘埃——星云 ……………………………… (4)
6. 绚丽多彩——星座 ……………………………… (5)
7. 云蒸霞蔚——恒星 ……………………………… (5)
8. 行色匆匆——行星 ……………………………… (6)
9. 绕地飞行——卫星 ……………………………… (6)
10. 划破长空——彗星 ……………………………… (7)
11. 天体家园——太阳系 ……………………………… (8)
12. 炽热星球——太阳 ……………………………… (8)
13. 天然卫星——月亮 ……………………………… (9)
第二节　奥妙无穷——宇宙奇观 ……………………………… (10)
1. 天际物质——流星和陨石 ……………………………… (10)
2. 蔚为壮观——流星雨与火流星 ……………………………… (11)
3. 天文奇观——日食和月食 ……………………………… (11)
4. “妖星昭雪”——哈雷彗星 ……………………………… (12)
5. 又丑又脏——哈雷彗星的彗核 ……………………………… (13)
6. 不可思议——哈雷彗星“蛋” ……………………………… (13)
7. 与人同名——葛永良—汪琦彗星 ……………………………… (14)
8. 世所罕见——“九星会聚” ……………………………… (15)
9. 大小极限——“心宿二”和蟹状星云的中子星 ……………………………… (15)
10. 苍龙一角——大角星 ……………………………… (16)

11. 双子星耀——天狼星 …………………………………… (16)
12. 近在咫尺——比邻星 …………………………………… (16)
13. 夜空“向导”——北极星 ……………………………… (17)
14. “七星争空”——北斗星 ……………………………… (18)
15. “迢迢牵牛”——牛郎星 ……………………………… (19)
16. “皎皎河女”——织女星 ……………………………… (19)
第三节 星光闪耀——太阳系的八大行星 ………………… (20)
1. 近若比邻——水星 ………………………………………… (20)
2. 光芒耀眼——金星 ………………………………………… (20)
3. 人类家园——地球 ………………………………………… (21)
4. “红色战神”——火星 …………………………………… (21)
5. 体积庞大——木星 ………………………………………… (22)
6. 最扁行星——土星 ………………………………………… (23)
7. 独具特色——天王星 ……………………………………… (23)
8. 貌似平庸——海王星 ……………………………………… (24)
第四节 恒星区位——星座 ………………………………… (24)
1. 美丽传说——88 个星座的来历 ………………………… (24)
2. 王族首领——仙王座 ……………………………………… (25)
3. 忏悔之星——仙后座 ……………………………………… (26)
4. 死里逃生的公主——仙女座 ……………………………… (26)
5. 英雄救美——英仙座 ……………………………………… (27)
6. 天上的狮子精——狮子座 ………………………………… (27)
7. 猎户座的仇敌——天蝎座 ………………………………… (28)
8. 英雄的丰碑——武仙座 …………………………………… (28)
9. 天际最长的星座——长蛇座 ……………………………… (29)
10. 美丽多情——天鹅座 …………………………………… (29)
11. 音乐天才——天琴座 …………………………………… (30)
12. 齐龙射箭——半人马座 ………………………………… (31)
13. 天敌对峙——蛇夫座和巨蛇座 ………………………… (32)
14. 牛郎之家——天鹰座 …………………………………… (32)
15. 最美最亮——猎户座 …………………………………… (33)
16. 生动感人——大犬座 …………………………………… (33)
17. 同生共死——双子座 …………………………………… (34)

18. 车夫与山羊——御夫座 …………………………………………(34)
19. 百头巨龙——天龙座 …………………………………………(35)
20. 自成一体——小熊星座 …………………………………………(35)
21. 正义女神——室女座 …………………………………………(36)
22. 触手可及——我们身边的星座 …………………………………(37)

第二篇 九天揽月——太空探索

第一节 上下求索——飞向太空 …………………………………(38)
1. 天地之间——无限的宇宙空间……………………………………(38)
2. 振翮高飞——我国古代的飞行尝试………………………………(39)
3. 飞行先锋——热气球…………………………………………(41)
4. 步履蹒跚——氢气球和飞艇……………………………………(42)
5. 梦想成真——第一架飞机的问世…………………………………(44)
6. 碧空翱翔——现代飞机的大家族…………………………………(45)
7. 深空运载——火箭……………………………………………(51)
8. 独树一帜——我国的“长征”系列运载火箭 ……………………(52)
9. 叩开天门——人造卫星的诞生……………………………………(54)
10. 百舸争流——人造卫星的大家庭 ………………………………(56)
11. 太空漫步——航天飞机 ………………………………………(58)
12. 用途广泛——航天飞机的功能和作用 …………………………(61)
13. 浪漫故事——航天飞机上的奇迹 ………………………………(63)
14. 别有情趣——宇航员的太空故事…………………………………(66)
15. 伟大壮举——“登月计划” ……………………………………(71)
16. 天外访问——星际无人探测器……………………………………(78)
第二节 神奇诡异——宇宙秘密…………………………………(85)
1. 神秘莫测——宇宙大引力体………………………………………(85)
2. 天文疑案——星际消光现象………………………………………(85)
3. 奇思妙想——星名中的化学元素…………………………………(86)
4. 高瞻远瞩——小行星再撞地球……………………………………(87)
5. “新子理论”——黑洞新说………………………………………(89)
6. 神奇力量——“暗能量”…………………………………………(90)
7. 超乎想象——宇宙的三种归宿……………………………………(90)
8. 天文命题——宇宙还能“胀”多久 ……………………………(91)

第三节　宇宙科学——天文学 ……………………………………………（91）
1. 自然科学——天文学 ……………………………………………（91）
2. 斗转星移——天文学发展简史 ……………………………………（92）
3. 如影随形——天文学和人类社会 …………………………………（93）
4. 层次分明——天文学研究的对象和内容 …………………………（94）
5. 天文普及机构——天文馆 …………………………………………（95）
6. 纷至沓来——中国近代天文学的发展 ……………………………（96）
7. 学术团体——中国天文学会 ………………………………………（99）
8. 群英荟萃——中国古代著名天文学家 ……………………………（102）
9. 后继有人——中国近现代著名天文学家 …………………………（103）
10. 人才济济——古代西方著名天文学家 ……………………………（104）
11. 成说卓著——杰出的业余天文学家 ………………………………（104）
12. 天文巨匠——僧一行 ………………………………………………（105）
13. 彗星预言家——恩克 ………………………………………………（106）
14. 剑指星空——伽利略 ………………………………………………（106）
15. 声名鹊起——赫歇耳和他的反射望远镜 …………………………（107）
16. 崭新思路——电脑里的天体实验室 ………………………………（108）
17. 一飞冲天——“嫦娥一号” ………………………………………（109）

第三篇　问鼎太空——趣味太空百科

第一节　科学前沿——宇宙研究 ……………………………………………（112）
1. 空穴来风——宇宙消亡时间表 ……………………………………（112）
2. 宇宙猜想——奥尔勃斯佯谬 ………………………………………（113）
3. 科学设想——宇宙的四维空间 ……………………………………（115）
4. 绝处逢生——宇宙演化研究理论的发展 …………………………（116）
5. 包罗万象——宇宙图 ………………………………………………（116）
6. 罪魁祸首——万年前彗星爆炸导致气候巨变 ……………………（119）
7. 寿终正寝——“和平”号空间站坠落南太平洋 …………………（120）
8. 图像影像——超新星摧毁“创造之柱” …………………………（122）
9. 继往开来——大爆炸宇宙论 ………………………………………（122）
10. 超前思维——到月球上去开展天文观测和研究 …………………（123）
11. 理论异说——地球发展史的彗星灾变说 …………………………（126）
12. 深度分析——地球爆炸之说 ………………………………………（129）

13. 讳莫如深——地球上外星生命的秘密 …………………………(131)
14. 凝视天空——定时转动的望远镜 ………………………………(133)
15. 折射聚焦——伽利略望远镜 ……………………………………(134)
16. 克服“假色”——牛顿望远镜 …………………………………(134)
17. “蓝色水滴”——哈勃太空望远镜拍到2亿岁明亮星团 ……(135)
18. “宇宙肇事者”——海底发现800万年前宇宙尘 …………(136)
19. 天体引力——航天器轨道运动中的失重环境 ………………(136)
20. 人无完人——爱因斯坦的“最大失策” ………………………(137)
21. “宇宙魔鬼”——黑洞 ……………………………………………(137)
22. 能量转换——恒星的氢聚变为氦的原因 ……………………(141)
23. “雪球”之谜——彗星有助于揭开地球生命诞生真相 ………(141)
24. 吞吐亦能——霍金修正三十年前黑洞理论 …………………(142)
25. 地质推断——计算地球年龄 ……………………………………(145)
26. 踽踽前行——摸索了两千年的经度起算点 …………………(146)
27. 并非妄想——宇宙最终解体死亡 ………………………………(152)
28. 伟大研究——宇宙大爆炸理论的产生 …………………………(153)
29. 事出有因——地球生物灭绝完成的几个阶段 ………………(154)
30. 蒙昧之时——窥探早期的宇宙 …………………………………(155)
31. 新星喷发——关于老年太阳爆炸的猜测 ……………………(155)
32. 宇宙“暴力”——超级黑洞喷射物轰击邻近星系 …………(156)
33. “幽灵”出壳——银河系中游荡着上百个黑洞 ……………(157)
34. 返璞归真——宇宙的“前世之缘” ……………………………(157)
35. 生机勃勃——美国宇航局发现最“年轻”行星 ……………(158)
36. 循环利用——美国太空植物园实现封闭可再生 ……………(159)
37. 大胆推论——美国科学家提出外星文明的“新理论” ……(159)
38. 理论依据——宇宙飞船能以超光速航行 ……………………(161)
39. 回溯望月——中国农历中的科学秘密 …………………………(161)
40. 回忆自传——在“和平”号轨道空间站上的半年生活 ……(165)
41. 喧腾咆哮——太阳光球上剧烈的“米粒”运动 ……………(166)
42. 科学幻想——宇宙中的外星人 …………………………………(168)
43. 相形见绌——太阳的引力和质量 ………………………………(172)
44. 速力等效——科学解释比萨斜塔实验结果 …………………(173)
45. 重大研究——探测 W 和 Zo 粒子 ……………………………(174)

46. 雾霭重重——十大宇宙未解之谜 …………………………（174）
47. 更上层楼——首次发现光对小行星的推力 …………………（176）
48. 众象丛生——太空中辐射的来源 ……………………………（177）
49. 谜深似海——太阳的诞生 ……………………………………（177）
50. 说法不一——太阳的自转和公转周期 ………………………（178）
51. 此消彼长——太阳能延寿的原因 ……………………………（178）
52. 云山雾罩——太阳系中的谜团 ………………………………（179）
53. 肖像素描——外星人的模样 …………………………………（180）
第二节 思想火花——宇宙科学知识释义 ……………………（182）
1. 开天辟地——爱因斯坦的“相对论” …………………………（182）
2. 真空能量——什么叫“零点能” ………………………………（182）
3. 飘忽不定——“上帝不掷骰子” ………………………………（183）
4. 量子物理——“小妖精世界” …………………………………（183）
5. 思维设想——“薛定谔猫” ……………………………………（184）
6. “无”中生有——“宇宙免费午餐” …………………………（184）
7. 超弦理论——M 理论 ……………………………………………（184）
8. 若即若离——不确定性原理 ……………………………………（185）
9. “单一超力”——超统一理论 …………………………………（185）
10. 超对称性——超弦理论 ………………………………………（186）
11. 规范对称——大统一理论 ……………………………………（186）
12. 单一能量——大统一能量 ……………………………………（187）
13. 正反成对——对称宇宙论 ……………………………………（187）
14. 多极宇宙——分权宇宙论和平行宇宙论 ……………………（187）
15. “视界逃逸”——黑洞宇宙论 ………………………………（188）
16. 力的来源——基本力 …………………………………………（188）
17. 相对而言——静态宇宙模型 …………………………………（189）
18. 电荷守恒——量子场论 ………………………………………（189）
19. 广义结合——量子引力论 ……………………………………（189）
20. 多宇宙理论——泡泡宇宙论 …………………………………（190）
21. 轨道前移——水星的附加进动 ………………………………（190）
22. 重要推论——速度效应 ………………………………………（190）
23. 力磁统——统一场论 …………………………………………（191）
24. 强力作用——弦理论 …………………………………………（191）

25. 五彩斑斓——星虹 …………………………………………………… (191)
26. 超强引力波——引力辐射 ……………………………………………… (192)
27. 波长变化——引力红移 ………………………………………………… (192)
28. 时空性质——引力阱 …………………………………………………… (193)
29. 引力红移——引力时间膨胀 …………………………………………… (193)
30. 基本粒子——重矢量玻色子 …………………………………………… (193)
31. 光阴故事——时间感悟 ………………………………………………… (194)

第一篇　浩瀚苍穹——太空基础知识篇

第一节　星际旅行——认识宇宙

1. 茫茫无涯——宇宙

如果有人问："世界上最大的东西是什么?"一定会有人立刻回答："是宇宙!"那么，你知道什么是宇宙吗？为什么说宇宙最大呢？这是因为宇宙是一切物质及其存在形式的总体，它包括地球及其他一切天体。宇宙也叫世界。按照我国古人的说法，上下四方无边无际的空间为"宇"，古往今来无始无终的时间为"宙"，宇宙即无限的太空世界。

人类对宇宙的认识是先从我们居住的地球开始的，然后从地球扩展到太阳系，从太阳系扩展到银河系，从银河系扩展到河外星系……众所周知，我们人类居住的地球，可算得上是十分巨大的了，它的平均半径有6 371.2千米，但地球只是太阳系中一颗普通的行星。

太阳系的成员包括恒星太阳（其半径是地球半径的109倍，体积是地球的130万倍)，包括地球在内的八大行星，50多颗像月亮一样的卫星，神秘难测的彗星，难以计数的小行星、流星及星际物质。太阳系的直径约为170亿千米，而太阳系也只是银河系1 000多亿颗恒星中的一个。这些恒星中有的比太阳大几十倍、几百倍。银河系直径只能按光年计算，达10万光年，包含数千亿颗恒星。在我们所处的银河系之外，还有10亿多个类似银河系的恒星系统，叫"河外星系"；几十个这样的星系聚在一起叫"星系群"；上百个聚集在一起构成"星系团"；它们又都归于更巨大的太空集团——"星系集团"(又称"超星系集团")。

银河系所在的星系集团称为"本星系集团"，它的核心是室女座星系团。无数超星系集团组成更庞大的总星系。我们用现代最大的望远镜虽已能观测到离我们100亿光年的天体，这仍在我们总星系的范围之内。

宇宙的范围如此巨大，那么宇宙的年龄又怎样测算呢？是不是只笼统地说"无始无终"就可以了呢？当然不行。目前测算宇宙的年龄有三种方法：

一种是逆推算宇宙膨胀的过程。根据宇宙的膨胀速度（即哈勃系数和减速因子），计算从密度达到极限的宇宙初期到扩展为如今这种程度需要多少时间，即为宇宙年龄。

二是根据恒星演化的情况求恒星的年龄。通过理论推导恒星内部的核聚变反应，就可以知道恒星这个天然的原子反应堆的结构和它的发热率是怎样随时间变化的。将观测和理论相核对，就可求出恒星和星团的年龄。再由最古老的恒星年龄推算宇宙年龄。

第三种是同位素年代法。这种方法已广泛运用于测定月岩和陨石的年代。这是利用放射性同位素发生的自然衰变，由衰变减少的情况推测母体同位素的生成年龄。放射性同位素只有在特别激烈的环境中才能生成，所以一旦被禁闭在岩石中就只有衰变了。测定母体同位素与子体同位素之间的量比，测定具有两种以上不同衰变率的同位系的量比，就可以决定年代，由此推算出宇宙的年龄。

无边无际的宇宙对人类来说还有很多未解之谜，许多最基本的问题还没有搞清楚。如宇宙是怎样形成的？古今中外先后有自然说、盖天说、宣夜说、浑天说、中心火说、地心说、日心说、星云说、大爆炸说等，但都仅仅是一种推想；再如，宇宙到底有没有边缘？这并非用“无边无际”一个词可以说清楚的。近几年天文学家用最先进的天文望远镜观测到一个距离我们大约200亿光年的天体，它是在我们的总星系之内，还是之外呢？我们的总星系之外是否还有其他更大的星系呢？即使地球附近的其他星球，我们对它们的了解也不充分，除地球以外的星球到底是不是都没有生命，也并没有彻底搞清楚。

总之，宇宙是无限的，人类对宇宙的认识是有限的，还需要我们不断地观测和探索……

2. 无限遐想——古今宇宙观

自古以来，人类对茫茫的宇宙就充满了遐想。各种各样的宇宙观从幼稚到成熟，从神话到科学，经历了漫长的岁月。

自然说产生于古印度。古印度人把地球设想为驮在4只大象身上，而大象竟是站在一只漂浮于大海中的海龟背上。

盖天说又称“天圆地方说”，产生于春秋时期，是我国古代最早的宇宙结构学。它认为人类脚下这块静止不动的大地就是宇宙的中心。地像一个方形大棋盘，天如同圆状大盖，倒扣在大地上，上面布满了数以千计的闪光体。

宣夜说是我国历史上最有卓见的宇宙无限论，最早出现于战国时期，到汉代得到进一步明确。宣夜说认为宇宙是无限的，宇宙中充满了气体，所有天体都在气体中飘浮运动，星辰日月都有根据它们的特性所决定的运动规律。

浑天说是继盖天说后，由我国东汉时期著名天文学家张衡提出的。他认为“天之包地犹壳之裹黄”。天和地的关系就像鸡蛋中的蛋白包着蛋黄，地被天包在其中。

中心火说是由古希腊学者菲洛劳斯提出的。他受了前辈哲学家赫拉克利特关于火是世界本原思想的影响，认为火是最高贵的元素，由此提出宇宙结构的“中心火学说”，即宇宙的中心是一团熊熊燃烧的烈火，地球（每天一周）、月球（每月一周）、太阳（每年一周）和行星都围绕着天火运行。

地心说最早是由古希腊哲学家亚里士多德提出的。他认为地球是宇宙的中心，是静止不动的。从地球往外，依次有月亮、水星、金星、太阳、火星和土星，它们在各自的轨道上绕地球运行。

日心说是1543年由波兰天文家学家哥白尼提出的。他将宇宙中心的宝座交给了太阳，认为太阳是行星系统的中心，一切行星都绕着太阳旋转。地球也是一颗行星，它像陀螺一样自转着，同时与其他行星一样绕太阳运行。

星云说是18世纪下半叶由德国哲学家康德和法国天文学家拉普拉斯提出的。他认为太阳系是一块星云收缩形成的，先形成的是太阳，剩余的星云物质又进一步收缩深化，形成行星和其他小天体。

大爆炸说是1948年由俄裔美国天文学家伽莫夫提出的。他认为宇宙最初是一个温度极高、密度极大的由最基本的粒子组成的“原始火球”（又称“原始蛋”）。这个火球不断迅速膨胀，其演化过程就像一次巨大的爆炸，爆炸中形成了无数的天体，构成了宇宙。

3. 灿烂星河——银河

银河在欧洲国家称为Milk Way，即牛奶色的道路，在我国古代叫做天河、河汉、银汉、星汉，指的都是夜空中的一条淡淡发光的白练，看上去好像是天空中的一条大河。其实，天空中不可能有什么大河，所谓银河的银白色是无数颗大大小小发光的恒星和其他发光的天体。据天文学家观测，银河是由包括太阳系在内的几千亿颗星星、大量的星际气体和宇宙尘埃组成，整个形状如同一个大铁饼，中间凸起，四周扁平，凸起的地方是核球，是恒星密集的地方；四周扁平处为银盘，越靠近边缘星星的分布越稀疏。

银河系的直径只能用光年来计算，大约为10万光年。就是说，用光的速度从一边走到另一边，需要10万年。太阳系是银河系的一个部分，太阳到银河系的中心距离约为3.3亿光年。

由于太阳系（包括我们的地球）不在银河的中心位置，所以看上去银河在天空中既不与赤道的位置相符，又不通过地球的南北极上空，而是斜躺在天空。随着地球的自转和公转，银河就随着季节的变化改变着它在天空中的位置，夏天的傍晚朝向南北方向，到了冬天的夜晚又横过来，变成接近东西方向了。

银河系本身也在旋转，一方面围绕自己的中心轴，以2.5亿年一周的速度自转，同时又以每秒214千米的速度在宇宙中不停地运动着。只是距离我们的地球太遥远了，所以看上去似乎是静止不动的。

4. 遥远缥缈——星系

在茫茫宇宙中，星星并不是单个地、杂乱无章地分布着，而是成群汇聚着的，每群中都是由无数颗恒星和其他天体组成的巨大星球集合体，天文学上称这种汇聚在一起的星群为“星系”。星系在宇宙中数不胜数，天文学家目前发现和观测到的就可达10亿个以上。每个星系大小虽然不同，但都极为庞大，比如我们地球所在的太阳系还不被视为一个星系，而只是银河星系的一个部分而已。

我们在地球上用眼睛观测到的星系很少，除银河系外，只有邻近几个，其中最著名的是仙女座大星系，但这个星系离我们大约200万光年，虽然它比银河系大60%，形状与银河系相似，但我们看上去只是一个光亮的斑点。有时为了方便，天文学家把遥远的几个星系称做星系群，大一些的叫星系团，每个星系团含有100个以上的星系；所有星系团统属于超星系团，超星系团组成总星系，也就是所谓茫无边际的宇宙。

5. 雾状尘埃——星云

广泛存在于银河系和河外星系之中，由气体和尘埃组成的云雾状物质称为“星云”。它的形状千姿百态、大小不同。其中一种叫弥漫星云，它的形状很不规则，没有明确的边界。在弥漫星云中有一种能自身发光的星云，我们称之为“亮星云”。亮星云仅是弥漫星云中的一种，另一种为暗星云，这是一种不发光的星云。如银河系中的许多暗区正是由于暗星云存在的缘故。

弥漫星云比行星状星云要大得多、暗得多、密度小得多。星云的另一种称为“行星状星云”，这种星云像一个圆盘，淡淡发光，很像一个大行星，所以称为行星状星云。它是一个带有暗弱延伸视面的发光天体，通常呈圆盘状或环状。它们中间却有一个体积很小、温度很高的核心星。现已发现的行星状星云有1 000多个。

6. 绚丽多彩——星座

现在，人们用肉眼可观测到的星大约有6 874颗，现代最大的望远镜至少可以看到10亿颗，而这仍是宇宙太空中星球的一个极小部分。为了观测方便，尤其是为了准确识别新星，人们把天空的星星按区域进行划分，分成若干个星座。

据说，古巴比伦人曾把天空中较亮的星星组合成48个星座，希腊天文学家用希腊文给星座命名，有的星座像某种动物，就把动物作为星座的名字，有的则是出于某种信仰，用神话中人物的名字来命名。我国自周代即开始划分星座，称为星宿，后来归纳为三垣二十八宿。三垣为：紫微垣、太微垣、天市垣；二十八宿为：角、亢、氐、房、心、尾、箕、井、鬼、柳、星、张、翼、轸、奎、娄、胃、昴、毕、觜、参、斗、牛、女、虚、危、室、壁。三垣都在北极星周围，其中的恒星不少是上古的官名，如上宰、少尉等。二十八宿是月亮和太阳所经过的天空部分，里面恒星的名字，有很多是根据宿名加上一个编号，如角宿一、心宿三等。在我国苏州博物馆中有一个宋代天文学家制作的石刻星图，这是目前世界上最古老的石刻星图之一。

由于世界上较早发达的国家集中在北半球，在公元2世纪的时候北天星座的划分已经与今天一样了，而南天的星座基本上是17世纪以后，伴随着西方殖民主义者到达南半球各地才逐渐制定出来的。截至目前，天空中的星座共划分为88个，其中29个在赤道以北，46个在赤道以南，13个跨在赤道南北。这是1928年国际天文学联合会统一调查后重新划分归纳的。

在88个星座中有15个在南天极附近，住在北京一带的人永远看不到；在上海则可以看到这15个星座中的6个，因为上海比北京纬度低一些；我国海南岛南端榆林港的纬度最低，那里的居民可以看到84个星座。

7. 云蒸霞蔚——恒星

恒星是与行星相对而言的，指那些自身都会发光，并且位置相对固定的星体。太阳是恒星，我们夜晚看到的星星大多数都是看上去不动的恒星。说是“看上去不动”，是说恒星实际上也是动的，不但自转，而且都以各自不同的速度在宇宙中飞奔，速度一般比宇宙飞船还要快，只是因为距离我们太遥远了，人们不易察觉到。

看上去小小的恒星，其实都是极为庞大的球状星体，我们知道太阳这颗恒星比地球的体积大130万倍，但在茫无边际的宇宙中，太阳只是一个普通大小的恒星，比太阳大几十倍、几百倍的恒星有很多，例如红超巨星就比太阳的直径大几百倍。只是太阳离我们近，其他恒星离我们远，就显得很小了；同样的道理，除太阳之外的恒星也在发光，但最近的比邻星也距离我们4光年，我们感觉不到它们的光和热，远远望去只是一点星光而已。如果能把所有恒星都拉得像太阳那样近，我们在地球上就可以看到无数个太阳了。

8. 行色匆匆——行星

我们所说的行星是沿椭圆轨道上环绕太阳运行的、近似地球的天体。它本身不发光。按距离太阳的远近，有水星、金星、地球、火星、木星、土星、天王星、海王星八大行星。由于行星有一定的视圆面，所以不像恒星那样星光有闪烁的现象。行星环绕太阳公转时，天空中相对位置在短期内有明显的变化，它们在群星中时隐时现、时进时退，所以行星在希腊语中是“流浪者”的意思。

9. 绕地飞行——卫星

卫星是行星的一种，也是按固定轨道不停地运行，只是与一般行星不同，始终围绕某个大行星旋转，即是某个行星的卫星。比如月亮围绕地球旋转，月亮就是地球的卫星。太阳系中不少行星有自己的卫星，并且不只是一个卫星，例如土星的卫星仅观测到的就有23颗之多。据天文学家统计，太阳系中较大的卫星约有50颗，其中有些是用肉眼看不到的。

有些卫星与行星相似，其运行轨道有共面性、同向性，称之为“规则卫星”；不具有这些性质的卫星，称为“不规则卫星”。有的卫星与行星绕太阳运行的方向一致，称为顺行；有的相反，称为逆行。对于卫星的起源，迄今仍无定论。

近年来有了人造地球卫星，为了区别，习惯上把原来的卫星称为“天然卫星”。

10. 划破长空——彗星

夜间天空的星星，不论行星还是恒星，看上去都是亮晶晶的光点，但有时候会突然出现一种异样的星：头上尖尖，尾巴散开，像一把扫帚，一扫而过，掠向天际。这便是彗星，我国民间形象地称为“扫帚星”。

星的含义是一个坚硬的天体，而所谓彗星只是一大团冷气，间杂着冰粒和宇宙尘物，严格地说并不是一颗“星”，只是一种类似星的特殊天体。彗星的密度很小，只是一团稀薄的气体，含有氧、碳、钠、氰、甲烷、氨基等原子或原子团。彗星的体积非常庞大，大于太阳系里任何一个星体，头尾加起来有5 000万~2亿千米，最长可达3.5亿千米。不过由于它密度小，如果压缩成与地球同样密度的实体，可能只有地球上一座小山丘那么大。

典型的完整的彗星分为彗核、彗发和彗尾三个部分。彗核由比较密集的固体物质组成，彗核周围云雾状的光辉就是彗发，彗核与彗发又合称为彗头，后面长长的尾巴叫彗尾。彗星的尾巴并不是一直有的，它是在靠近太阳时在太阳光的压力下形成的，所以常背着太阳延伸过去。大的彗星，仅一个彗头就比地球的直径大145倍。

彗星大都有自己的轨道，不停地环绕着太阳沿着很扁长的椭圆轨道运行，每隔一定时期就会运行到离太阳和地球比较接近的地方，在地球上就可以看到。不过，彗星绕太阳旋转的周期很不相同，最短的恩克彗星每3.3年接近地球一次，自1786年发现以来已经出现过60多次；有的彗星周期很长，需要几十甚至几百年才接近地球一次；有的彗星的椭圆形轨道非常扁，周期极长，可能几万年才接近地球一次。

彗星密度低，在宇宙间的存在期不如其他星体那样久远，它每接近太阳一次就损耗一次，日子一长，就会逐渐崩裂，成为流星群和宇宙尘埃，散布在广漠的宇宙空间。现在人们看到的彗星都是大彗星，为数众多的小彗星很难被观测到。1965年我国的紫金山天文台发现过两颗彗星，分别定名为紫金山1、紫金山2。在观测研究彗星方面，最著名的是对哈雷彗星的观测。这个彗星是17世纪时英国天文学家哈雷根据万有引力定律计算出来的。哈雷计算出这个彗星每隔76年左右接近太阳一次，并准确地推算出1758年12月25日在太阳附近的位置，这是被人类计算出周期的第一颗彗星。

古时候人们不懂得彗星的来龙去脉，见它形状奇特，运行诡秘，多把彗星的出现视做人间灾祸的预兆。其实，彗星与其他星体一样，只是一种自然现象，与人间的祸福没有什么因果对应关系，并且，由于彗星密度极小，与其他星球碰撞也不会有什么影响。比如，20 世纪初天文学家计算出哈雷彗星将于 1919 年接近太阳，并将与地球碰撞。当时很多人惊恐万分，认为世界的末日即将来临。5 月 19 日，哈雷彗星确实出现了，它那长长的尾巴与地球碰撞了，但并没有给地球带来危害，因为彗星的尾巴其实是一种气体。

11. 天体家园——太阳系

观测茫茫无际的宇宙苍穹，首先要了解我们地球所在的太阳系。太阳系是个以太阳为中心的极其庞大的天体系统，它由太阳及 8 颗大行星、50 余颗卫星、2 000 多颗已被观测到的小行星以及无数的彗星、流星体等组成。这个庞大的天体系统就像一个井然有序的大家庭，所有的天体都以太阳为中心、沿着自己的轨道有条不紊地旋转着，并且旋转的方向基本相同，基本上在一个平面上旋转。在太阳系众多天体的运行中，太阳如同一根万能的绳子，拉着所有的天体围绕自己旋转运动，偶尔有个别星星脱离轨道，最终也会被太阳的引力控制住。

在太阳系中，太阳不仅是中心，而且在重量上也绝对压倒其他天体。科学家进行过大致推算，就整个太阳系的重量而言，太阳的重量占总重量的 99.8% ~99.9%。更重要的一点，太阳是太阳系中唯一能发光的星体，其他都是从太阳上借光或反光。太阳的中心温度高达 1 500 万摄氏度，表面温度达6 000 摄氏度，每秒钟辐射到太空（包括我们所在地球）的热量相当于 1 亿亿吨标准煤完全燃烧后产生的热量总和。

太阳系的疆域极为辽阔，其半径约为 60 亿千米。形象地说，如果我们乘坐目前世界上最快的时速为 1 500 千米的飞机，从太阳系边缘飞到太阳，也要连续飞行 457 年的时间。

然而，太阳系又不庞大。在整个宇宙中，在我们基本了解的银河系中，太阳系又是一个很小的部分。太阳系的天体围绕太阳旋转，整个太阳系又围绕着银河系的中心旋转。并且，太阳系在宇宙中不止一个，据近年美国科学家观察研究，至少还有一个以织女星为中心的类似太阳系的天体系统；科学家们还推测说，在现在科学仪器的视野之外，肯定还有许多类似太阳系的“太阳系”在按自己的轨道运转着。

12. 炽热星球——太阳

太阳是太阳系的中心，是一颗恒星，直径大约有 139 万千米，体积大约是我们所在地球的 130 万倍。

太阳在宇宙中是一颗普通的恒星，又是一颗能发光发热的恒星。我们已经知道，太阳本身是一个炽热的星球，仅表面温度就有6 000摄氏度，内部温度更高。太阳的光和热的能源是氢聚变为氦的热反应。因为太阳的主要成分就是氢（占71%）和氦（占27%），热核反应在太阳内部进行，能量通过辐射和对流传到表层，然后由表层发出光和热，习惯上称为“太阳辐射”。

太阳带有光和热的表层称为“太阳大气”，由里向外分为三个部分：光球、色球和日冕。我们肉眼所能看见的太阳表面很薄的一层为“光球”，厚度只有500千米，平均温度约为6 000摄氏度，我们看到的太阳的光辉，就是这层光球。也正是由于这层光球，遮住了人们肉眼的视线，使人们在很长一段时间内看不到太阳的真正面目，更无法了解太阳内部的奥秘。第二层（也叫中间层）是“色球”，厚度大约为2 000千米，是光球厚度的4倍，密度却比光球更稀薄，几乎是完全透明的。色球的温度高达几万度，但它的光却被光球掩盖住，平时很少能看到。只有在日食的时候，太阳的光球被月亮完全挡住，在黑暗的月轮边缘可以看到一丝纤细的红光，这便是色球的光亮。第三层（即最外一层）为“日冕”，厚度约为数百万公里，日冕的光更微弱，用肉眼完全看不到，但日冕的温度却很高，达100万摄氏度。在这样的高温下，太阳上的氢、氦等原子不断被电离成带正电的质子和带负电的自由电子，并且挣脱太阳的引力，奔向广袤的宇宙空间。这便是天文学上称为“太阳风”的现象。在太阳表面的三层结构中，只有外层的日冕有不规则变化，有时呈圆形，有时则呈扁圆形。

此外，在太阳的边缘外面还常有像火焰一样的红色发光的气团，称做日珥。有时日珥向数十万千米高处放射，然后又向色球层落下来，实际上这也是日冕不规则变化的一种形式。日珥大约11年出现一次，不过，我们用肉眼看不到，只有天文工作者用特制仪器，并且只有在日全食时才看得比较清楚。

13. 天然卫星——月亮

月亮学名月球，是太阳系的一个星球，只是不像其他行星那样以太阳为中心旋转，而是围绕地球转，是地球的天然卫星。月亮的光是由于太阳的照射而产生的，它本身不会发光或发热。

月球的体积约为地球的1/48，密度为地球的3/5，远不如地球坚实。月球上的重力比地球上的重力小得多，比如在地球上100千克的物体拿到月球上还不到17千克。

月球绕地球公转，同时又自转，旋转的两个周期相同，都是27.3天，而且方向相同，结果总是一面朝向地球。地球上的人永远只能看到月球的一面，看不到另一面。

面朝月球，即我们看到的一面，布满了大大小小的环形山，有些像地球上的火山口；另一面山地较多，中部是一条绵延2 000千米的大山系。人们比较重视月球上的环形山，据分析，直径1千米以上的环形山有30万座，有一座最大的直径为295千米，可以把我国的海南岛放在里面。天文学家认为，环形山是陨石撞击月球留下的痕迹；另一种解释是月球上发生过猛烈的火山爆发，环形山即是火山口。在明亮的夜晚我们可以看到月球表面的暗纹暗斑，那是月球上的平原或盆地，天文学家称之为“月海”，并不是传说中的嫦娥、玉兔……

月亮被太阳照射的时候，表面温度高达127摄氏度，不被照射的时候或阴面则为－183摄氏度，温差达310摄氏度，不适宜生物存活。月球上面没有空气，“月海”实际是干枯的盆地或平原，根本没有水，从来没有过生命的踪迹。

不过，月球并非没有利用价值。1969年7月21日，美国宇航员阿姆斯特朗、柯林斯和奥尔德林乘坐“阿波罗11号”宇宙飞船第一次成功地登上了月球，对月球的起源、结构和演化过程有了进一步更科学的了解。天文学家发现，月球的物质组成与地球很相近，月岩中含有铝、铁等66种有用元素。后来，人们又多次在月球上收集各种标本，进行勘测实验。可以确信，随着对月球认识的全面和深化，对月球的开发和利用会成为并不遥远的事实。

第二节　奥妙无穷——宇宙奇观

1. 天际物质——流星和陨石

在晴朗的夜空中，在闪烁的繁星中间常常划过一道白光，稍现即逝，我国民间称为“贼星”，天文学上叫流星。流星一般闪过就解体了，有时也有大块物体落在地球上，这种坠落物就叫陨石或陨星。按化学组织的不同，陨星大致可以分为三类：含铁90%以上的叫陨铁或铁陨星；含铁、镍和硅酸盐矿物各半的叫石铁陨星；90%为硅酸盐矿物的叫石陨星，也叫陨石。从收集到的样品来看，92% 为陨石。目前世界上最大的一块陨石是 1976 年 3 月 8 日在我国吉林省陨落的，重达 1 770 千克。最大的陨铁在非洲的纳米比亚，重达 60 多吨。

天文学界极为重视对陨星的研究，因为这是不可多得的宇宙天体的自然标本，尤其是陨石的年龄和地球大致相当，都是 46 亿年左右。但在这漫长的时间里地球内部和外部变化很多、很大，地球形成初期的很多物质已经沉埋在地球核心而无法取得，有的则早已不存在了。陨星却不是这样，由于它体积小，没有发生地球那样巨大的变化，还基本保持着原来的面目，这便为研究地球的起源提供了重要依据，并且对研究太阳系其他星体的形成也是很有价值的。

陨星坠落对地球表面会产生一些影响，如气候的异常、个别生物灭绝等，但与人们的祸福、与人间社会的治乱兴衰并没有什么直接的关系。

2. 蔚为壮观——流星雨与火流星

宇宙空间除了大的星体外，还有很多很多的小物体和尘埃，即天文学上说的流星体和微流星体。地球在空间运动不会越出自己的轨道，但这些流星体却毫无规律，乱跑乱撞，地球每时每刻都会同大量的流星物体相遇，有的小流星体一进入大气层就摩擦发光，在 80 ~ 120 千米的高空划出一道白光，便是流星；有的流星物接连进入大气层，又接连变作白光，叫做流星雨；还有的流星光亮大，并带着声音，叫做火流星。不过，更多的是不见光亮的小流星体。

3. 天文奇观——日食和月食

太阳系的星体每时每刻都在运动，与我们关系最为密切的是太阳、地球和月球的运动，昼夜变化、四季交替、月亮圆缺对我们日常生活的各个方面都有着直接的影响。除了这些常见的运动现象外，不常见的运动现象也对我们的生活发生着不同程度的影响，其中最为明显的是日食和月食。

我们知道只有太阳发光，地球和月球都是不发光的天体，但月球靠太阳的照耀而反光，地球需要太阳的照射来维持生物的存活。由于地球和月球都是球体，同一时间内只能被太阳照射一面，另一面不被照到并且拖着一条长长的黑影子，太阳光很强烈，黑影子便也很长很明显，延伸至茫茫太空中。

当月球运行到太阳和地球之间时，如果太阳、月球和地球三者正好在一条直线上或接近于一条直线时，月球的影子就一直延伸到地球的表面，处在月影之中的地球区域，便看到月球遮住太阳的景象，这便是日食。按照被月亮遮住的太阳的面积大小，日食可分为日偏食、日环食和日全食，这主要是由太阳、月亮和地球成一条线的直曲程度决定的。由于月球只在农历的每月初一运行到地球和太阳之间，所以日食必定发生在农历初一。不过，并不是说每逢初一必定发生日食。

当月球运行到地球背着太阳的阴影区域（天文学上称本影）内时，月球被地球的阴影所遮掩，人们会在地球上看到月球被地球遮挡的景象，这便是月食。月食分月全食和月偏食两种，月全食时月球全部落入地球的阴影中，处在地球背着太阳那一面的人便可以看到月全食；月偏食时，月球只是一部分进入地球的阴影中，并且始终没能全部进入，地球的阴影只是挡住了月球的一部分。由于月食时地球在月球和太阳之间，所以月食必定发生在农历每月的十五或十六。当然，这也并不是说每逢十五或十六就一定会发生月食。

一般说来，月食的时间长，月全食可达 1 至 3 个小时；日食时间短，日全食不过 7 分半，但整个日食过程有时能延续两个小时。据天文资料显示，一年内最多发生 7 次日食和月食，即 5 次日食和 2 次月食，或 4 次日食和 3 次月食。

4. “妖星昭雪”——哈雷彗星

17 世纪 80 年代之前的漫长岁月里，人们一直受着彗星的困惑而惶惶不安。丹麦有个名叫布拉乌的天文学家，把彗星当做“妖星”，并给它涂上了神秘的色彩，说什么彗星是由于人类的罪恶造成的：“罪恶上升，形成气体，上帝一怒之下，把它燃烧起来，变成丑陋的星体。这个星体的毒气，散布到大地，又形成瘟疫、风雹等灾害，惩罚人类的罪行。”因此，1682 年的一个晴朗的夜晚，当一颗奇异的星星拖着一条闪闪发光的长尾巴出现在天空中时，人们吓呆了。

天主教的神父们将这颗星视做灾难降临的预兆，疾呼：“妖星出现，世界的末日到了，大家快向上帝忏悔吧！”尽管人们纷纷忏悔，这颗星仍一连几十个夜晚缓缓地在浩渺的星空运行。王公贵族们利用这一自然现象，咒骂自己的政敌不得好死；星相家与巫师们更是乘机兴风作浪，一时间，人们惊恐万分。

然而，英国天文学家爱德蒙·哈雷却不信邪，他对这颗彗星毫无惧色，决心要揭开所谓“妖星”的真面目。

哈雷对英国和世界各地历史上有关彗星的观测资料进行了研究，并对其中24颗彗星的轨道进行了计算，发现1513年、1607年和1692年出现的3颗彗星的轨道十分接近，时间间隔又恰恰都是76年左右，于是断定，这是同一颗彗星，并预测这颗彗星下一次回归的时间：1758年12月25日。这天，壮观的大彗星果然如期莅临。为纪念这位科学家的准确预言，人们将这颗曾蒙受“妖星”之冤的彗星定名为“哈雷彗星”。

现在，人们已经知道彗星内部的主要成分是冻成冰的气体、尘埃以及石块，那扫帚般的长尾巴主要由氮、碳、氧和氢等各种化合物自由原子构成的。

5. 又丑又脏——哈雷彗星的彗核

哈雷彗星有一条十分壮观的彗尾，有一头美丽明亮的彗发，那它的彗核是什么模样呢？人类一直想一睹它的风采。

这颗迟迟不肯以真面目示人的哈雷彗星的彗核，却原来是个又丑又脏的家伙。其模样长得与其说像一个带壳的花生，不如比作一个烤糊了的土豆更为贴切。表皮裂纹累累，皱皱巴巴，其脏、黑程度令人难以想象。它最长处有16千米，最宽处和最厚处各约8.2千米和7.5千米，质量约为3 000亿吨，体积约500立方千米，表面温度为30～100摄氏度。彗核表面至少有5～7个地方在不断向外抛射尘埃和气体。

彗核的成分以水冰为主，占70%，其他成分是一氧化碳（10%～15%）、二氧化碳、碳氧化合物、氢氰酸等。整个彗核的密度是水冰的10%～40%，所以，它只是个很松散的大雪堆而已。彗核深层是原始物质和较易挥发的冰块，周围是含有硅酸盐和碳氢化合物的水冰包层，最外层则是呈蜂窝状的难熔的碳质层。

哈雷彗星在茫茫宇宙的旅行中，不断向外抛射着尘埃和气体。从上次回归以来，哈雷彗星总共已损失1.5亿吨物质，彗核直径缩小了4～5米。照此下去，它还能绕太阳2 000～3 000圈，寿命只有几十万年了。

6. 不可思议——哈雷彗星“蛋”

哈雷彗星，这颗彗星家族的明星，给人类带来了多少有趣的话题啊！人们因不知它的底细，曾视它为“妖星”而惶恐不安过；因看不清它的真面目，而浮想联翩过。

如今，人们借助于科学揭开了它的身世，掀开了它的面纱，可唯独有一个谜，至今令世人困惑莫解，这就是哈雷彗星“蛋”。

不知何故，哈雷彗星与母鸡结下了缘。每当哈雷彗星在间隔76年左右的回归年拜访地球时，必有一只母鸡会产下一枚奇异的“彗星蛋”来。请看这一起起不可思议的记录吧：

1682年，哈雷彗星回归。德国马尔堡一母鸡产下一枚蛋壳上布满星辰的蛋。

1758年，哈雷彗星回归。英国霍伊克一母鸡产下一枚蛋壳上绘有清晰的彗星图案的蛋。

1834年，哈雷彗星回归。希腊科扎尼一母鸡产下一枚蛋壳上描有规则彗星图案的蛋。

1910年，哈雷彗星回归。法国报界透露，一母鸡产下“蛋壳上绘有彗星图案的怪蛋，图案如雕似印，可任君擦拭”。

1986年，哈雷彗星回归。意大利博尔戈一母鸡产下蛋壳上印有清晰的彗星图案的蛋。

这一枚枚神奇而又精美的“彗星蛋”给人类带来了什么宇宙信息？为什么“彗星蛋”的出现与哈雷彗星的回归周期相吻合？在茫茫穹隆游荡的哈雷彗星给地球上小小的母鸡输入了什么信号，令它产下绘有奇妙星图的蛋？为何不见其他彗星有此神力？为什么现已发现的“彗星蛋”都集中在西欧地区？苏联生物学家亚历山大·涅夫斯基认为：“二者之间必有某种因果关系。这种现象或许与免疫系统的效应原则和生物的进化是相关的。”这位科学家的见解是否正确呢？哈雷彗星与鸡蛋之间究竟有什么因果关系呢？这一切，现在仍是个谜。

7. 与人同名——葛永良—汪琦彗星

1988年11月4日，在南京中国科学院紫金山天文台行星研究所工作的两位天文工作者葛永良、汪琦发现了一颗新彗星。国际小行星彗星中心确认了这一发现，正式将其编号。根据新彗星以观测发现者名字命名的规定，给这颗彗星命名为“葛永良—汪琦彗星”。这是我国首颗以人名命名的彗星。

这颗彗星于1988年5月23日过近日点，亮度为16星等，绕日周期为11.4年，属于短周期彗星。它的发现对研究彗星的轨道演变和物理性质有重要的意义。

8. 世所罕见——“九星会聚”

1982年我国发行了一枚名为“九星会聚”的邮票。邮票上绘制着1982年3月10日和5月6日太阳系的九大行星奇迹般地运行到太阳同一侧一个角度不大的扇形画面的壮观景象。“九星会聚”是个难得的观测良机，用探测器可以同时观测地球之外的八大行星。

有人认为，“九星会聚”会加剧对地球的引潮力，从而触发地震和洪水爆发。但据科学测算，八大行星对地球的引潮力的总和，只有太阳引潮力的5/1 000 000。而自公元前780年以来，人类已经历了25次九星会聚，却从未见造成地球一系列“毁灭性的灾难”。据天文观测证明，九星会聚对太阳活动有一定影响，比如1982年九星会聚时，太阳黑子增多，活动加剧，太阳风增强。

九星会聚的天象是不多见的。据记载，1803年曾发生过一次，相隔179年后，1982年才重现。据测算，大约在375年之后，即2357年才会出现下一次“九星会聚”。

我国古代有五星会聚的记载。因受当时科学技术不发达的局限，人们用肉眼只能看到五星：水星、金星、火星、木星、土星。史书上曾记载：“汉高祖入咸阳，五星高照。”说的就是公元前206年10月的天象。当时正值刘邦进军咸阳。

现在我们知道了“五星会聚”是一种自然天象，与刘邦攻进咸阳毫不相干，而古人却把“五星会聚”看做是一种吉祥的征兆了。

9. 大小极限——“心宿二”和蟹状星云的中子星

如果我问：“天上的星星哪颗最大?”或许有人会不加思索地回答：“太阳呗!”错了！在我们地球人的肉眼看来，太阳的的确确是一颗最大最亮的恒星了。它是我们地球体积的130万倍。可是在宇宙庞大的恒星家庭里，太阳可就算不得老大了。

在夏天的傍晚，正南方有一颗红色的恒星，叫“心宿二”，离地球约410光年。看上去虽说不大，但它的体积却比太阳大2.2亿倍，也就是说，把2.2亿个太阳堆积起来才有这颗心宿二那么大。

但是，心宿二还不算最大的恒星。目前已知恒星中最大的恒星在御夫座，叫“柱六”，它的体积说出来会吓你一大跳：比太阳的体积大200亿倍。

恒星世界中最小的星是哪颗呢？它小到什么程度？目前所知是蟹状星云中的一颗中子星，它的直径仅有 20 千米，相当于地球直径的 1/637。

最大的恒星柱六与最小的中子星之间的差距有多么大啊！

10. 苍龙一角——大角星

在晴朗的春夜，你可以顺着北斗七星的柄，向东南方延伸至与北斗七星的柄差不多两倍长处，就可清楚地看到形似东方苍龙一只角的大角星。它在我们肉眼可看到的最亮的恒星中，运行速度最快，以每秒 483 千米的速度在太空中遨游。大角星属一等亮星，亮度为全天第四。表面温度 4 200 摄氏度，光色为橙黄色。它距我们地球较近，约有 36 光年，直径为太阳直径的 27 倍，发光表面为太阳的 700 倍以上。

11. 双子星耀——天狼星

冬夜，在恒星世界中，人们仰望天空，望见最亮的那颗星为天狼星。它位于大犬星座之中。到冬夜，它在西南方的天空中熠熠发光。它的质量是太阳的 2. 3 倍，半径是太阳的 1. 8 倍，光度是太阳的 24 倍。天狼星为什么如此之亮呢？主要是它距我们比较近，只有 8. 65 光年。

天狼星在古埃及人心目中是一位掌管尼罗河泛滥的女神，每当这位女神与太阳同时在东方地平线上升起时，尼罗河就要泛滥了。他们把这一天定为新年的开始。天狼星实际上是一对相互绕转的双星，不过这要用较大的望远镜才能分辨出来。1862 年美国天文学家克拉克发现了天狼星伴星——白矮星。

12. 近在咫尺——比邻星

在广阔无垠的太空中，有无数颗恒星，其中离太阳最近的一颗恒星称为“比邻星”。它位于半人马座，离太阳只有 4. 22 光年，相当于 399 233 亿千米。

如果用最快的宇宙飞船，到比邻星去旅行的话，来回就得 17 万年，可想而知，宇宙之大，虽说是比邻也远在天涯。比邻星是一颗三合星。它们在相互运转，因此在不同历史时期，“距离最近”这顶世界之最的桂冠将由这三颗星轮流佩戴了。

13. 夜空“向导”——北极星

由于地轴的运动，北天极在天空中的位置总是不断地变动。因此，北极星也随之不断地易位，不断地更换得主。

从公元前1100年的周朝初年到秦汉年代，北天极距小熊座β星最近，因此，那个时代的北极星是小熊座β星，即我国所称的帝星。明清以后，北天极转向小熊座α星（即勾陈一），该α星便成了北极星。公元前2000年时，天龙座α星，中国名古枢，是北极星，古埃及金字塔底的百米隧道就是对它而挖，为观察它而修筑的。天文学家预测，约4 000年后，即公元6000年，北极星将易位给仙王座β星。8 000年后，天鹅座α星（天津四）为北极星。1万年后，北极星的桂冠将落到明亮的织女星——天琴座α星的头上。

英国科学家牛顿用万有引力说明了地轴运动的原因。地球的自转运动像一个陀螺在旋转。地球的赤道部分比两极凸起，太阳、月亮对地球赤道凸起部分的引力作用，使地轴向黄道面方向倾斜运动，造成北天极在天空位置发生变动，北极星便随之易位。但是，不管北极星的得主是哪颗星，地球轴线所指方向不会变，所以，我们不论从什么位置，也不论在什么时候，它的位置总是在北方。

北极星不但可以指示方向，而且可以当时钟用。从事夜间野外工作的人，在没有钟表的情况下，可以借助北极星知道时间。

请你仰望夜空，面对北极星而立，把北极星作为钟表的中心。再找到北斗七星，将北斗七星的指极星（即天璇和天枢）与北极星的连线作钟表的时针。以北极星为中心将天空划分为12等份，作为钟表的刻度。好了，现在你就有了一个夜空赐予你的“星钟”了。

北极星向下指向地平线的是北方，向上则为天顶，即刻度为12处。由于星辰东升西落，所以星钟的指针转动的方向与普通钟表指针相反，12时以后不是1时，而是11时，然后依次为10、9……这怎么计时呢？

不要着急，只要借助一个简单的计算公式，你就可以得到与普通钟表几乎一致的时间了。首先，在观看星钟时要记住你所在地以时为单位的经度，认好星钟时针所指的“钟点”数字，记住当时的月份和日期，然后用下列公式就可以定出北京时间了：

北京时间 = 36.4 − 经度 − 2 ×（钟面点数 + M）

这里的“M”是这年1月1日算到观看日期的日数（每天算成0.1月）。

如果得出的是负数，就再加上24时。

比如，1989年6月1日，在北京天文馆（经度是7.8）看北斗星钟的指针在“10”，当时的北京时间应是：

36.4－7.8－2×（10＋5）＝－1.4（时）

24－1.4＝22.6（时）

也就是说，当时的北京时间是晚上10时36分。

你不妨试试看。

14.“七星争空”——北斗星

我国古老的神话中有这样一段故事：黄帝与炎帝臣子蚩尤大战于涿鹿之野。蚩尤以魔法造起迷天大雾，困得黄帝的军队三天三夜不能突围。黄帝的臣子风后受北斗星的斗柄指向不同的启发，想出一种指南车，引导黄帝的军队冲出了大雾的重围。

在众多民族的历史中都有这类借北斗星定方向的记载。

在晴朗的夜晚，我们在北方天空很容易发现7颗构成斗勺图形的星星，这就是我们说的北斗星。古希腊人和罗马人称之为“熊”（Arctos）；不列颠人称之为“犁”（Plow）；美国人叫它“大杓”（Big Dipper）。1928年国际天文学联合会定名为“大熊”，符号为OMa。

北斗七星的中国名称是天枢、天璇、天玑、天权、玉衡、天阳和摇光，它们的符号分别是α、β、γ、δ、ε、ζ、η。前4颗连接起来的几何形状像个斗勺，所以称它们为“斗魁”；后3颗像是斗勺的柄，所以这3颗又称“斗柄”。北斗七星中，“玉衡”最亮，近乎一等星；“天权”最暗，是一颗三等星；其他5颗星都是二等星。在“天阳”附近有一颗很小的伴星，叫“辅”，它一向以美丽、清晰的外貌引起人们的注意。据说，古代阿拉伯人征兵时，把它当做测试士兵视力的“测目星”。北斗七星中的天璇和天枢两星，有特别的效用：从“天璇”过“天枢”向外延伸一条直线，延长约5倍，就是与北斗遥相辉映的北极星。北极星的方向就是地球的正北方。所以，天枢、天璇又统称指极星。地动星旋，东升西落，而北极星居其中，近乎不动。

人类的祖先根据北极星和北斗七星的斗柄“春指东、夏指南、秋指西、冬指北”的规律来确定方向，北斗星成了漂泊在茫茫大海上的船只和陷入草原荒漠的迷路人的太空指南针。

在中国，传说北斗星是寿星，他主管人间的寿夭。这位寿星酷爱弈棋消遣，常常化作老人的样子，游戏于人间。北斗星成为渴求长寿的人们心目中的保护神。尽管北斗为何被古人奉为寿星无可考证，但给老年人祝寿时，人们总以老寿星作比喻，来祝愿老人健康长寿。

在西方，古希腊神话中流传着有关大熊星座的故事。传说这只大熊原是个美丽温柔的少女，名叫卡力斯托。众神之主宙斯爱上了这位美丽绝伦的姑娘，与她生下了儿子阿卡斯。宙斯的妻子赫拉知道后妒火中烧，对卡力斯托施展法力。顷刻间卡力斯托白皙的双手变成了长满黑毛的利爪，娇艳的红唇变成了血盆似的大口，美貌的少女竟然变成了狰狞凶恶的大母熊。赫拉还嫌惩罚不够，又派猎人追杀大熊，宙斯在空中看到，怕赫拉再加害卡力斯托，就把大熊提升到天上，成为大熊星座。

北斗七星的斗柄成为大熊长长的尾巴，斗勺是大熊的身躯，另一些较暗的星组成了大熊的头和脚。

在美洲，传说从前有成群的猎人在冰天雪地里追赶一只熊，忽然来了一个巨怪把猎人吞食，只剩下 3 人，这 3 人仍穷追大熊不放，直追到天上，与熊一起变成了星宿。所以美洲土人也称北斗为大熊。七星中的斗魁是熊，斗柄是追熊的 3 个猎人：第 1 个人弯弓射熊，第 2 人执斧宰割，第 3 人手持一把柴火，待烹煮大熊。在碧海青天里，3 个猎人夜夜追熊，总要到秋天才能把熊射杀。那漫山遍野红彤彤的霜叶，据说就是熊血点染的。

15. “迢迢牵牛”——牛郎星

河鼓二即天鹰 α 星，俗称“牛郎星”。在夏秋的夜晚，它是天空中非常著名的亮星，呈银白色。距地球 16.7 光年，它的直径为太阳直径的 1.6 倍，表面温度在 7 000 摄氏度左右，发光本领比太阳大 8 倍。它与“织女星”隔银河相对。

实际上牛郎织女相距 14 光年，即使乘现代最快的火箭，几百年也不能相会。牛郎星两侧的两颗暗星为牛郎的两个儿子——河鼓一、河鼓三。传说牛郎用扁担挑着两个儿子在追赶织女呢。

16. “皎皎河女”——织女星

织女星又被荣称为“夏夜的女王”。它位于天琴座中，是夏夜天空中最著名的亮星之一，位于银河西岸，与河东的牛郎隔河相望。

织女星呈白色，离我们地球 26.4 光年，直径为太阳的 3.2 倍，体积约为太阳的 33 倍，表面温度为 8 000 摄氏度左右，发光本领比太阳大 8 倍。

由于地轴运动，公元14000年时，织女星将是北极星。

在织女星旁有四颗暗星，组成一个小菱形。传说这是织女的梭子，她一边织布，一边深情地望着银河对面的丈夫（牛郎）和两个儿子，热切期待着鹊桥相会的喜日子很快到来。

第三节　星光闪耀——太阳系的八大行星

太阳是太阳系的中心，是一个大大的恒星。在太阳的周围有许许多多的行星，其中大的行星有八个。这八个行星大小不同，一般是按距离太阳的远近，由近及远地排列，即：水星、金星、地球、火星、木星、土星、天王星和海王星。

1. 近若比邻——水星

水星是九大行星中距太阳最近的，体积排在第二位，直径4 880千米。由于离太阳近，受到太阳的强大引力，所以围绕太阳旋转得很快。水星的一年只相当于地球的88天，而水星自转一周相当于地球的58.65天，正好是它绕太阳公转周期的2/3。它虽然名为“水星”，其实上面一滴水也没有。这是因为水星离太阳近，朝向太阳的一面受烈日曝晒，温度高达400摄氏度以上，这样的温度连钨都会融化，如果有水也早蒸发完了。背向太阳的一面温度则非常低，达-173摄氏度，在这样低的温度下也不可能有液态的水。不仅没水，水星表面的空气也非常稀薄，大气压力只有地球的五千亿分之一。可以想象，这是一个多么荒凉的星球！它并不像我们从地球上偶尔观察到的那样幽暗中带有一丝羞涩和温柔。

1975年，美国宇航员把空间探测器飞到离水星仅320千米的地方，拍下了几千张照片，可以清晰地看到水星表面大大小小的环形山以及平原和盆地。大的环形山直径达几百千米，小的仅几千米，也有直径达1 000千米的环形盆地，它的内核可能是铁质的。

2. 光芒耀眼——金星

金星是从地球上看到的最明亮的一颗行星，看上去晶光夺目，亮度仅次于太阳和月亮。我国古时候把黎明前东方天空中的一颗明星叫做启明星或太白星，把黄昏时分西边天空中的一颗明星叫长庚星，其实这是同一颗行星即金星。金星虽然离地球比较近，最近时只相距4 000万千米，但由于金星的表层有一层硫酸雨滴和云雾，远远望去一片迷蒙，阻挡了地球人的视线。

1964 年，天文学家把精密仪器带到高空空气稀薄的地方观察金星，又向金星发射行星探测器，才弄清了这层云雾的成分，并透过云层观察了金星的面目。天文学家们观察到金星上有高山、盆地和平原，最高的一座山峰高出金星表面 10 590 米；最大的平原有半个非洲那么大。小山、丘陵不计其数，而且常有火山喷发。金星的云层里含有水，但金星表面没有水。云层的表面温度最高达 480 摄氏度以上，没有生命存在。金星的旋转也是围绕太阳公转，又有自身的旋转。绕太阳一周相当于地球的 225 天，自转一周为 243 天。

3. 人类家园——地球

地球是八大行星中的一个适宜生物存在和繁衍的行星，因为在地球上面有空气、水和适宜的温度，从太空看地球，看到的是一个蔚蓝色的球体。地球的平均直径约为 12 742 千米，表面积的 70. 8% 为海洋覆盖，并被一层厚厚的大气层包围着。地球的结构分为三层：最外面的是厚度为 21. 4 千米的地壳，中间一层为地幔，最中心部分为地核。地核中心的温度很高，估计可达 4 000 ~ 5 000 摄氏度，主要由铁、镍组成。地球绕太阳公转，又有自身的旋转。绕太阳公转一周为一年，公转的速度为 29. 8 千米每秒。在八大行星中除了火星和金星外，地球的公转速度是最快的。自转的时候，转一圈为 23 小时 56 分 4 秒。为了计算方便，人们规定一年为 365 天，一天为 24 小时。由于地球自转的轴线与地球公转的轨道不垂直，产生了地球的四季变化和不同气候带的区分。更为可贵的是，地球上适宜的环境养育了人类。

4. “红色战神”——火星

火星是一颗火红色的行星，点缀在夜幕上，是星空中最为吸引人的繁星之一。仔细观察，可以看到它缓慢地穿行在众星之间，如火的荧光时有强弱变化，并且穿行的方向、亮度的变化好像没有规则，所以古时候欧洲人把它当做“战神星”，认为它象征着战争和灾难；中国人称它为“荧惑星”，认为是不吉利的星。火星离地球很近，在地球的外侧绕太阳运行，并且与地球有极为相似的许多特征：在火星上有白天黑夜的交替，有春夏秋冬的四季变化；在火星上看太阳也是从东方升起，从西方落下；火星的自转周期也与地球相近，为 24 小时 37 分，仅比地球慢半个小时；与地球有月亮环绕一样，火星也有两颗卫星，只是比地球小。火星的一年为地球的 687 天，并且温差比地球上大得多，特别是昼夜温差，白天为最高28摄氏度，夜间则下降为-132摄氏度。结果，没有生物在火星上生长，更没有人类，人们幻想中的“火星人”、“火星鼠”仅仅是一种想象而已。自1962年以来，美国等国的天文学家向火星发射了多个探测器，并派飞船登上了火星，发现火星的表面是干燥、荒凉的旷野，有许多沙丘、岩石和火山口，有比地球上的峡谷大得多的峡谷，有比喜马拉雅山更高的山峰，虽然有大气层，但95%以上为二氧化碳，并且极为稀薄，氧气极为罕见。

5. 体积庞大——木星

木星看上去比较昏暗，不如金星明亮，这是由于它离地球远的缘故。其实，木星在八大行星中是最大的，把太阳系所有的行星和卫星加在一起也没有木星大，木星的体积相当于1 300多个地球，重量是地球的318倍，天文学上称之为“巨行星”。木星绕太阳公转一周几乎需要12年时间，所以我国古代就把木星运动的周期12年与历法上的十二地支结合起来，并称木星为“岁星”。木星自转的速度却很快，大约9小时50分转一圈。正因为它自转速度快，使得它自身形成了不同于其他行星的扁形球，赤道直径与两极直径之比为100:93。

由于木星内部存有大量的能量并不断向外散发，形成了独特的快速大气环流，所以从地球上观察可看到木星表面有一些各种色调的斑点，并且在南半球有一个著名的椭圆形大红斑，长轴为2万多千米，其实这正是大气环流过程中形成的大气旋涡。木星的表面有一层1 000千米厚的大气层，主要成分是氢和氦；由于离太阳远，木星的表面温度只有-140摄氏度。在这样的空气、温度的条件下，加上没有水，木星上没有生物存活。不过，木星却有很强的无线电辐射，磁场强度为地球的10倍，是目前发现的天空中最强的射电源之一。它的磁极方向与地球相反，地球的S极在北极附近，木星的S极则在南极附近。

尤为独特的是，木星周围有大小15个卫星环绕，小的直径只有8千米，大的5 200多千米，它们旋绕的速度也不同，最短的绕一周需要11小时53分，最长的绕一周需要758天，其中最亮的有4颗。由于这4颗最亮的木星卫星是1610年伽利略首次观察到的，天文学上称之为“伽利略卫星”，依次编号为木卫一、木卫二……有人说，木星和它的卫星恰如一个缩小了的太阳系，对木星的研究对揭开太阳系的奥秘有特殊意义。特别是自1973年以来，美国发射的宇宙飞船飞近木星，观察到了只有在地球上才出现过的极光等现象，更加引起了天文学家的浓厚兴趣。

6. 最扁行星——土星

土星是太阳行星中仅次于木星的第二大行星，体积是地球的745倍。由于它离地球和太阳都比较远，在100年前人们一直把它作为太阳系的边界，后来才发现还有更遥远的太阳行星。由于土星自转速度快，转一周的时间为10小时14分，它的形体也呈扁圆形状，并且是太阳系中最扁的行星，赤道直径与两极直径之比为100∶90，并且密度很小，比水还要轻。也就是说，取下土星上的一块物体，可以漂浮在水面上。在太阳系里，土星又是一颗美丽的行星，它的外面围绕着一圈明亮的光环，仿佛带着银光闪闪的项圈。

土星的光环非常宽阔，厚15～20千米，宽度则达20万千米，如果把我们的地球放上去，也好像是在公路上滚皮球一样。光环的亮度和宽度经常变化，有时清晰，有时模糊，有时看不到踪影，每隔15年左右循环变化一次。原来，这个光环是由许许多多直径不到1米的小石块、小冰块组成的，绕着土星飞快奔跑，看起来就成了一条闪光的环；至于有时明显，有时昏暗，并不是光环自身的变化，而是土星朝向地球的位置不同，我们观察时产生了视差。土星有21～23颗卫星环绕，最小的直径300千米，最大的直径5 150千米，比月球还大。

7. 独具特色——天王星

在200多年以前，人们以为太阳只有水星、金星、地球、火星、木星和土星六颗行星，并认为土星是太阳系的边际。直到1781年3月13日，一位爱好天文的音乐家威廉·赫歇耳通过自制的天文望远镜发现了太阳系的一个新成员，这就是天王星。天王星很大，直径是地球的4.06倍，体积是地球的60多倍，但因为它距离地球太远，所以用肉眼看不到；它距太阳也很遥远，约为地球距太阳的19倍，所以从太阳得到的光热极少，其表面温度总在－200摄氏度以下。天王星的旋转很特殊，不仅很慢，绕太阳公转一周需要84年，而且自转也不规则，似乎是躺着转，即有时“头”朝太阳，有时则“脚”朝太阳。这又使天王星上的季节变化别具特色，只有春秋两季，白天黑夜比较分明，冬夏两季一面长期面向太阳，温度升高，另一面长期背朝太阳，温度极低。

由于天王星距地球遥远，观测比较困难，到目前为止只发现它有5颗主要卫星，并发现它也有一个与土星相似的美丽光环，光环中包含着大小不同、色彩各异的9条环带。

8. 貌似平庸——海王星

海王星本身没奇特之处，由于它的发现过程与其他行星不同而名声大震：一般的行星都是由望远镜观察到的，而海王星却是天文学家先计算出来才找到的。原来，天王星被发现后，人们为它的不规则旋转轨道感到惊奇，因为用牛顿的万有引力定律可以准确推算其他行星的位置，只有天王星的位置总是与推算结果不符，这种现象促使天文学家们提出一个大胆的设想：在天王星附近还有一颗行星在影响着天王星的规则运行。很快，有三位天文学家计算出了这另一颗行星的位置和运行轨道，并从天文望远镜中捕捉到它，这便是海王星，所以有人称海王星是“笔尖上发现的行星”。至于海王星本身，就没有什么特别的地方了，它的体积大约是地球的4倍，与太阳的平均距离为45亿千米。绕太阳公转一周需要165年，自转一周为15小时48分。表面温度在－200摄氏度左右。海王星有两个卫星，一个顺行，一个逆行，按完全相反的方向绕海王星旋转。从天文望远镜中观察，海王星也是一个扁状球体。

第四节 恒星区位——星座

在满天星斗的天空中，怎样去辨认恒星呢？为了便于认识星空，人们把星空分成许多区域，这些区域称为星座。每一星座可由其中亮星的特殊分布而辨认出来，我国古代将星空分为三垣和二十八宿。国际天文学联合会1928年公布国际通用88个星座。这些星座中大部分都是以古希腊神话中的人物和动物命名的。在辨认星座时，可先根据星图和说明，找出星座中最亮的星，再根据星图中各星的相对位置来认识这个星座。星座里各星的命名，是在星座名称的后面加上一个小写的希腊字母，一般按星的亮度大小排列，最亮的为“α”，次亮为“β”，依次为γ、δ、ε等24个希腊字母。现在知道了认识天空中繁星的方法，你不妨用星图对照天空自己辨认一下。

1. 美丽传说——88个星座的来历

星座的历史已有几千年了，不同的民族和地区，有自己的星座区分和传说。现在国际通用的88个星座，起源于古代的巴比伦和希腊。

在3 000多年前，巴比伦人在观察行星的移动时，最先注意的是黄道

（太阳在恒星间视运动的轨迹）附近的一些星的形状，并根据它们的形状起名，如狮子、天蝎、金牛等星座。这就是最早的星座了。又经长期观测，逐渐确立了黄道十二星座。这些星座的命名大多取自大自然中的动物或人物的活动，如白羊、金牛、双马、巨蟹、狮子、室女、天秤、天蝎、人马、摩羯、宝瓶、双鱼。因此，有人称黄道十二星座是“动物圈”、“兽带”。

后来，巴比伦人的星座划分传入了希腊。希腊著名的盲歌手荷马的史诗中就提到过许多星座的名称。在公元前500～公元前600年，希腊的文学历史著作中又出现一些新的星座名称：猎户、小羊、七姐妹星团、天琴、天鹅、北冕、飞马、大犬、天鹰等。公元前270年，希腊诗人阿拉托斯的诗篇中出现的星座名称已达44个。

北天19个星座：小熊、大熊、牧夫、天龙、仙王、仙后、仙女、英仙、三角、飞马、海豚、御夫、武仙、天琴、天鹅、天鹰、北冕、蛇夫、天箭。黄道带13个星座，比巴比伦人多1个。

南天12个星座：猎户、（大）犬、（天）兔、渡江、鲸鱼、南船、南鱼、天坛、半人马、长蛇、巨爵、乌鸦。

希腊的星座与优美的希腊神话编织在一起，使星座成为久传不朽的宇宙艺术。48个星座一直流传了1 400多年，直到公元17世纪，星座才又有了新发展。航海事业使人们得以观测南天星座，在原有的48个星座基础上，又增加了38个星座。其中德国人巴耶尔发现的星座12个（1603年）：蜜蜂（即苍蝇座）、天鸟（即天燕座）、堰蜓、剑鱼、天鹅、水蛇、印第安、孔雀、凤凰、飞鱼、杜鹃、南三角，第谷星座1个（1610年），巴尔秋斯星座4个（1690年），赫维留斯星座8个（1610年），拉卡耶星座13个（1752年）：玉夫、天炉、时钟、雕贝、绘架、唧筒、南极、圆规、矩尺、望远镜、显微镜、山案、罗盘。他把一些近代的科学仪器引入星座，打破了过去神话传说式的星座划分。

用希腊字母命名恒星是巴耶尔的创造，用阿拉伯数字给恒星命名则是弗兰姆·斯蒂创始。

1928年，国际天文学联合会正式公布通用的星座88个，其中，北天28个、黄道12个、南天48个。

2. 王族首领——仙王座

暗淡的秋季星空比起热闹的夏季星空来，显得格外寂静。统治这片宁静天空的是一个王族星座。这个王族星座有6个星座：仙王、仙后、仙女、英仙、飞马和鲸鱼。仙王座是王族星座之首，全年都能看到，秋季最为耀眼。传说，仙王座是希腊神话中埃塞俄比亚王刻甫斯的化身。

仙王座的位置在银河北侧。仙王座内几颗主要亮星组成一个“扇五边形”图案，半浸在银河中。除了北极星自身所在的小熊座外，仙王座是离北极星最近的星座。

在仙王的鼻尖上有一颗最亮的、时呈白色、最暗时呈黄色的著名变星，叫造父一。它是一颗典型的高光度的“脉动变星”，以5.37日的周期在收缩和膨胀着，亮度也随之发生变化。造父一的直径比太阳大30倍，密度只是太阳的6/10 000。它在收缩和膨胀时，直径相差500万千米。

3. 忏悔之星——仙后座

古希腊神话中，有个爱慕虚荣的女人，因狂妄夸口，险些断送了自己女儿的生命。她，就是埃塞俄比亚国王刻甫斯的王后卡西俄珀亚。卡西俄珀亚时常夸耀自己的女儿安德洛墨达的美貌胜过海里最美的仙女。王后的傲慢激怒了海神波赛东。海神派海怪在埃塞俄比亚的海岸兴风作浪，危害百姓。国王刻甫斯无奈，只好将心爱的公主献给海怪，后被英雄珀耳修斯所救。王后卡西俄珀亚对自己的过错懊悔之极。所以，当她升天为仙后座后仍双手高举，弯腰弓背，深表悔过之意。

将北斗七星的“天极”和北极星的连线向南延伸约相等的长度，便可看到一个由3颗二等星和2颗三等星组成的、开口朝向北极星的“W”形状星座，这就是仙后座。它是一个可与北斗星媲美的星座，其中可以用肉眼看清的星星至少有100多颗。

公元1572年，曾有一次超新星爆发，这颗明亮的新星白天都可看见，有时甚至比金星还亮，三周后亮度急速减弱，两年后，肉眼已看不见它的踪影。这颗神秘的新星就发生在仙后座。20世纪50年代，天文学家在这颗消失的星星位置上，意外地收到了一个强大的射电源，它正是这颗销声匿迹达280年之久的超新星的残余。

4. 死里逃生的公主——仙女座

秋夜高空中，常常悬挂着一个显眼的大方框，它是由仙女座的α星和飞马座中的3颗亮星构成，叫“飞马—仙女大方框”。仙女座就在这个位置。仙女座α星是一颗二等星，它与东北方向的一颗三等星和两颗二等星排成一列，构成仙女座的主干。其中的γ星是一颗美丽的三合星：主星为橙黄色，两颗伴星，一是青绿色，一是橙色。著名的一年一次的（11 月 20 日前后）仙女座流星雨，便以这颗 γ 星为辐射点。

仙女座有不少星云、星团。美国著名天文学家哈勃证实，最著名的仙女座大星云 31 是一个庞大的河外星系，距离我们约 200 万光年，是距离我们最近的河外星系之一。

仙女座的得名来自古希腊神话中的美丽公主安德洛墨达，她是埃塞俄比亚国王刻甫斯的女儿。她的母后因炫耀她的美貌而得罪了海神，埃塞俄比亚百姓因此蒙受苦难，备受海怪危害。国王刻甫斯受神的启示，忍痛将心爱的公主安德洛墨达用锁链锁在岩石上，供海怪享用。正当海怪袭击公主时，英雄珀耳修斯恰巧骑飞马路过，救下了公主，并与公主结为夫妻。他们相亲相爱，形影不离。后来公主升天成为仙女座，珀耳修斯紧跟其后，成为英仙座。

5. 英雄救美——英仙座

珀耳修斯是古希腊神话中的大英雄，他是天神宙斯的儿子。他答应了智慧女神雅典娜的要求，决定取来怪物墨杜萨的头，为民除害。墨杜萨的每根头发都是毒蛇，最可怕的是她的那双眼，看一眼谁，谁就会变成石头。珀耳修斯用智慧女神借给他的闪亮盾牌，机智地战胜了墨杜萨，取下了她的头。在返回的路上，恰遇海怪要加害公主安德洛墨达，便用墨杜萨的头将海怪变成了石头，救了公主，并与公主结了婚。珀耳修斯把墨杜萨的头献给了雅典娜，女神也实践了自己的诺言，将珀耳修斯升到天上，成为王族星座的成员之一——英仙座。

6. 天上的狮子精——狮子座

以牧夫座最亮星大角和室女座最亮星角宿一为顶点，向西作一个等边三角形。在另一顶点，我们会看到一颗二等亮星，它就是狮子座的 β 星（又叫五帝座一），构成了狮子的尾巴尖。

狮子座是 12 个黄道星座之一，位于室女座和巨蟹座之间，是春季夜空中一个壮丽的大星座。相传，狮子座原是一头凶猛的狮子精，全身刀枪不入，吼叫声震天动地。它住在宙斯神殿附近尼米亚山谷，常常下山危害人畜。天神宙斯和密刻奈王妃阿尔克墨涅的儿子海格立斯神力无比，他决心为民除害，杀死了狮子。为纪念这位盖世英雄，宙斯把狮子精升到天上，狮子座从此成为英雄海格立斯的丰碑。

给狮子座带来荣耀的不仅是古希腊神话中英雄的业绩，还有壮观无比的狮子座流星雨。每隔 33 年，我们就可以看到从狮子座的流星辐射点喷射的流星雨，犹如节日的焰火一般。

7. 猎户座的仇敌——天蝎座

古希腊神话中，有一个非常狂妄的猎人名叫奥利安。他吹嘘说："天下没谁能比我更厉害，任何动物只要碰到我这根棒子，就叫它立即完蛋。"猎人的狂言激怒了天庭的众神，神后便派出一只毒蝎，与猎人较量。结果夸口的猎人被毒蝎咬伤。宙斯将毒蝎升天成为天蝎座，猎人奥利安亦升天为猎人座。为防止这对仇敌再相争斗，宙斯将他们安置在天球两边，一个升起时，另一个便落下，永世不得相见。天蝎座位于黄道的最南端，在天秤座和人马座之间，它拥有 1 颗一等亮星——天蝎 α（心宿二），5 颗二等星和 10 颗三等星。这些星排列为"S"形，如同一只大蝎子横卧在银河南端，"大蝎子"的心脏就是心宿二。

心宿二是一颗放射着红光的美丽星星，它不仅是天蝎座中最亮的一等星，也是夏夜南天中最亮星之一。有趣的是，心宿二不是一颗星，而是由两颗星组成，天文学上把这种星叫双星。心宿星以其庞大的体积而著称，仅主星的直径就是太阳直径的 600 倍，密度却不到太阳密度的 1/5 000 000，是一颗红色超巨星。目前，这颗超巨星和附近 100 多颗亮星，正以每秒 24 千米的速度向南挺进，所以，天文学家把它们统称为"天蝎座、半人马座运动星团"。

8. 英雄的丰碑——武仙座

顺着北斗星的斗柄方向向西延伸，会碰到一颗橙黄色的亮星，即牧夫座的大角星。由大角星向织女星引出一条直线，途中会遇到两个星座。第一个是北冕座，这是一个由 7 颗星组成的半球形小星座。第二个就是靠近织女星的武仙座。

武仙座是夏季夜空中一个庞大的星座。武仙座中有相当多的三等星和四等星，所以，尽管它一颗二等以上的亮星也没有，却仍旧显得很明亮。新近发现它有一对迄今宇宙最红的天体。

武仙座中，有一个著名的 M13 球状星团。它是由 30 多万颗星星密集而成的一个巨大球体，直径为 35 光年，亮度相当于四等星。1934 年，武仙座中有一次新星爆发，十分耀眼，亮度曾达到一等。

武仙座是古希腊神话中的盖世英雄海格立斯的丰碑。传说海格立斯是一位威力无比的英雄，他一生完成了许多伟大业绩，最受人们称道的主要有12件：消灭狮子精、铲除水蛇精和大毒蟹等。他还去解救过为人类盗取天火火种的普罗米修斯。海格立斯死后，宙斯为了怀念这个英勇无比的儿子，便封他为神，将他升入天空，成为武仙座。

9. 天际最长的星座——长蛇座

天际88个星座中长度最长、面积最大的星座是长蛇座，它头顶巨蟹座，尾扫天秤座，横跨1/4天际。

长蛇座是希腊神话中的大英雄海格立斯的又一座丰碑。相传长蛇座是水蛇精许德拉的化身。这条蛇精有9个头，9张嘴毒气齐喷，危害无比。如果砍掉它的一个头，立即会长出两个头，凶猛倍增。盖世英雄海格立斯消灭了狮子精后，又与他的侄子伊俄拉俄斯一起去寻找水蛇精，为民除害。为防止蛇精的头不断成倍地长出，他们采取了一个妙法：每当海格立斯砍掉一个蛇头，伊俄拉俄斯马上用火烧焦蛇精颈部的伤口，使蛇头长不出来。凭勇气和智慧，他们终于消灭了水蛇精。为纪念海格立斯的功绩，宙斯将这条水蛇精升上天空，每当人们看到这条长长的长蛇座时，就会怀念这位勇斗水蛇精的英雄海格立斯。

观测长蛇座时，我们还会发现，这条“蛇”的背上，似乎扛着一个沉重的大钵，这个“钵”就是巨爵座。“蛇”的尾部有一只乌鸦（乌鸦座），正在不断地啄着，或许它的亲人曾遭受过长蛇的毒害，此刻在报仇吧。

值得一提的是，长蛇座虽然其长无比，却无一颗耀眼的星，只有一颗放射红光的二等亮星星宿一（即长蛇α座），长蛇座的心脏就是星宿一。由于星宿一四周没有其他亮星，孤零零地一星独处，因此，阿拉伯人又形象地称之为“孤独者”。

10. 美丽多情——天鹅座

夏季的夜空中，由一些亮星排列成十字形，好像一个伸长脖子的天鹅，展开双翼，向南飞翔，这就是天鹅星座。

天鹅星座的拉丁名是Cygnus，简写为Cyg，意为天鹅。

在希腊神话传说中，天神宙斯为公主勒达的美貌所吸引，但怕生性嫉妒的神后赫拉愤怒，并且若以自己的形象出现很难诱动这纯洁的少女，于是，他便想出一条诡计，变形为一只天鹅。一天，勒达正在一个小岛上游玩，忽见从白云间飞下一只天鹅，它是那样美丽可爱，毫不怕人，任凭勒达抚摸和搂抱，它的羽毛洁白，身体柔软，勒达爱不释手，心中充满陶醉与兴奋，不知不觉竟抱着天鹅进入了梦乡。她醒来时，天鹅恋恋不舍地离开了她，展开强壮的双翅飞向天空。勒达回到王宫后身体感到不舒服，不久发现竟怀孕了。

等到十月怀胎期满，生下一对孪生子，就是后来成为双子星座的希腊英雄卡斯托尔和波吕丢克斯。后来，勒达遵从父王之命，嫁给了斯巴达国王廷达瑞俄斯为妻，又生了两个女儿，一个叫吕夫涅斯特拉，嫁给了特洛伊战争中希腊人的最高统帅阿伽门农；一个叫海伦，嫁给了阿伽门农的弟弟墨涅拉俄斯。宙斯回到天庭后，非常高兴，为纪念这次罗曼史，就把他化身的天鹅留在了天上，成为天鹅星座。

每年9月25日20时，天鹅星座升上中天。夏秋季节是观测天鹅座的最佳时期。有趣的是，天鹅座由升到落真如同天鹅飞翔一般：它侧着身子由东北方升上天空，到天顶时，头指南偏西，移到西北方时，变成头朝下尾朝上没入地平线。

天鹅座的尾部，有一颗一等亮星天津四。在天津四的东部不远处，就是除太阳外离地球最近的第13位恒星——天鹅座61星。它离地球约11光年，如果你的眼力好的话，可以在晴朗的夜空看到它。

11. 音乐天才——天琴座

天鹅星座西南有一个面积不过285平方千米的小星座——天琴星座。

天琴星座的拉丁语名是Lyra，简写为Lyr，意为琴。它是“夏季大三角”的一个组成部分。

每当夏秋季节，人们仰望夜空中的天琴星座时，就会想起希腊神话中的那位不幸的音乐天才——俄耳甫斯。

俄耳甫斯是太阳神阿波罗和艺术女神缪斯九姐妹之一的卡利俄帕爱情的结晶。阿波罗还是音乐之神。俄耳甫斯继承了父母的才能，不但有优美的歌喉，还是举世无双的弹琴圣手。为此，阿波罗亲自送给他一把宝琴，当他演奏时，不但天上的神和地上的人类为之陶醉而忘却一切烦恼，就连森林中的野兽听了他的琴声也变得柔顺温和了。俄耳甫斯用他的琴声战胜了海妖，帮助寻找金羊毛的大英雄伊阿米等人顺利远航。有一次他在林中弹琴唱歌，引起仙女欧律狄克的爱慕，他也为仙女的美貌而倾倒，不久两人就幸福地举行了婚礼。

然而不幸的事发生了，仙女在林间游玩时不慎被毒蛇咬伤中毒死去。失去爱妻的俄耳甫斯痛不欲生，决定亲自下黄泉把欧律狄克找回来。他一路弹着阿波罗的宝琴，唱着凄婉的哀歌，向地狱走去。他的歌声感动了冥河上的艄公卡戎，帮他渡过了生死河，看守地狱大门的是一只长着3个头的狗克尔柏洛斯，它也为俄耳甫斯的琴声而垂下头，甚至连冷酷的冥府之神哈德斯也被他哀婉凄楚的旋律感动，萌发了怜悯之心，同意欧律狄克返回人间，但提出一个严厉的告诫，在他们到达人间之前，俄耳甫斯绝对不可回头。满心欢喜的俄耳甫斯拜谢过冥王，领着他的爱妻急忙向光明的人间走去，当他们离开幽暗的冥府，渡过冥河，光明的人间已经近在眼前，快乐的俄耳甫斯忘记了冥王的告诫，忍不住回头看望他的爱妻。

就在这一瞬间，欧律狄克在悲惨的呼救声中又被死亡之手拽回地狱。俄耳甫斯懊恼万分，从此他脸上失去笑容，人们再也听不到他的琴声和歌声了。不料，当他正孤单地在林间徘徊之际，遇上了酒神的侍女们，她们要求他为酒神的节日弹琴助兴，遭到他的拒绝后，狂怒的侍女们便把他杀死，并把他碎尸抛进河里。缪斯女神将他的尸骨收拾起来埋葬在奥林庇斯山麓。

阿波罗怀念他的孩子，便请求宙斯。宙斯也同情俄耳甫斯的悲惨遭遇，将他用过的宝琴升上天空，成为天琴座，成为这位不幸的音乐天才永恒的纪念碑。

天琴座中的主星天琴α，就是我们熟悉的织女星。在织女星附近有4颗小星构成一个小小的菱形，就是织女用的梭子。而在古希腊神话中，“织女”和“梭子”等星则被想象为一架七弦琴，即天才音乐家俄耳甫斯的宝琴。

12. 齐龙射箭——半人马座

人马座象征古希腊神话中博学聪明的半人马神齐龙张弓射箭的形象。传说在那些上半身是人、下半身为马的半兽神中，有个名叫齐龙的马人是个精通武艺、博学多知的教育家，他隐居在一个山洞里，以传授技艺为业。只要学到他的一门技艺，就可称雄于世。希腊神话中有许多英雄都是他的学生，如取金羊毛的伊阿米、战胜狮子精和水蛇精的海格立斯。不幸的是，海格立斯在一次与马人的交战中，用毒箭误杀了齐龙。宙斯痛惜齐龙的惨死，把它升上天，列为人马座。

夏秋两季，人马座出现在上半夜的南天夜空中。它有2颗二等星，8颗三等星。如果把其中6颗较亮的星连接起来，就会构成一把小勺，与北斗七星这把大勺遥相呼应。因为它位于银河中，所以称为“银河之斗”，又称“南斗六星”。

人马座有一些美丽而明亮的星云，其中有一个巨大的气体云，显得格外明亮。它的周围有许多明亮的星云和星团。因为它的外形犹如湖边亭亭玉立的天鹅，所以天文学家给它起了个美丽的名字——白鸟星云。它还很像希腊字母“Ω”，所以又有人叫它奥米加星云。

13. 天敌对峙——蛇夫座和巨蛇座

蛇夫座和巨蛇座位于银河西侧，属于夏季星座。

蛇夫座和巨蛇座在夜空中构成一个蛇夫双手捉巨蛇的形象。这个勇敢的蛇夫就是古希腊神话中为民治病、解除民间疾苦的神医阿斯克勒庇俄斯。他是太阳神阿波罗的儿子，贤明的马人齐龙的学生。他从师学医，医术高明，治好了无数病人，使死去的人越来越少，气坏了冥王哈迪斯。宙斯为维护神族的和睦，用雷电杀死了阿斯克勒庇俄斯。阿斯克勒庇俄斯死后升天为蛇夫座。神医怎么会成蛇夫呢？原来希腊人把蛇蜕皮看做是恢复青春，医生的工作也是使人起死回生，因此，希腊人把医生跟蛇联系在一起。

蛇夫座是一个庞大的星座，也是唯一位于黄道又不属于黄道的星座。蛇夫座中有颗著名的巴纳德星，它是仅次于半人马座 α 星的离太阳系最近的恒星。在它的周围有几颗以不同周期绕转的星，有人猜测，这些星中若有类似地球的行星，或许会有智能人呢。

蛇夫座将巨蛇座拦腰截断，使巨蛇座成为全天 88 个星座中唯一被分为两部分的星座：蛇头座位于蛇夫座以西，蛇尾座位于蛇夫座东南侧。

14. 牛郎之家——天鹰座

天神之王宙斯的女儿赫珀嫁给大英雄海格立斯后，赫后给神宴斟酒添水的差事需要一个接替的人，于是宙斯便化身一只鹰飞到大地上，抓来了一个叫革尼美德的美少年充当神宴的侍者。宙斯的化身天鹰被宙斯留在了天上，成为天鹰座。这是古希腊神话中有关天鹰座的传说。

天鹰座的拉丁语为 Aquila，简写 Aql。

天鹰座位于天鹅座和天琴座的南边。其中亮于六等的恒星有 70 颗，四等星 6 颗，三等星 5 颗。第一亮星天鹰 α 是我们熟悉的牛郎星（又称“河鼓二”），它是一颗亮度为 0.77 等的白色主序星，距离我们 16 光年。它又是一颗快速自转的恒星，约 7 小时自转一周，而我们的太阳，自转周期平均约 27 天。

天鹰座在我国传统的星官中相当于河鼓、右旗、天桴、天弁等。古阿拉伯人把天鹰座和天琴座看做是两只雄鹰。欧洲人称天鹰座 α 星为“飞鹰”，天琴座 α 星则是“落鹰”。

天鹰座是个新星多发区，1918 年曾出现过一颗仅次于全天最亮的天狼星的亮度的新星——天鹰座 V603。

15. 最美最亮——猎户座

在天际 88 个星座中，拥有亮星最多的是猎户座。它有 2 颗一等星，5 颗二等星，3 颗三等星和 15 颗四等星。这些灿烂的明星使猎户座成为全天最华丽、最明亮的星座。

这个冬季最壮丽的星座也有一段动人的传说：海神波赛东的儿子奥利安是个出色的猎人，他每天带着心爱的猎犬西里乌斯去打猎。一天，他和太阳神阿波罗的妹妹、美丽的月神阿耳忒弥斯相遇，两人一见钟情。但是阿波罗却不喜欢这个猎人。

有一天，兄妹俩同在天空巡视，阿波罗看见奥利安正在海中游泳，头露出海面，像块黑色礁石。阿波罗故意夸耀妹妹的箭法好，让她射海中的“黑礁石”。结果，阿耳忒弥斯上当，一箭射死了自己的心上人奥利安。月神悲痛欲绝。宙斯十分同情这对恋人，答应了月神的请求，将奥利安升到天上，置于群星中最显耀的位置，成为猎户座。

16. 生动感人——大犬座

全天最亮的恒星是天狼星。天狼星的得主就是冬季南天夜空中的一个小星座——大犬座。整个星座如同一只飞奔的猎犬，扑向它西侧的天兔座。大犬座内共有 122 颗六等以上的恒星。天狼星恰在猎犬的鼻尖上。猎犬的腹部也是一颗明亮的星，它是亮如一等星的大犬座 ε 星，我国称之为“弧矢七”；大犬 β（军市一）则位于猎犬的一只脚上。整个星座虽小，却十分明亮，尤其是璀璨的天狼星，更使大犬座引人注目。

古希腊神话传说中，大犬座是猎人奥利安的爱犬西里乌斯的化身。奥利安不幸被自己的情人——月神阿耳忒弥斯误杀后，猎犬西里乌斯十分悲伤，终日不吃不喝，悲哀地吠叫，最后饿死在主人的屋里。天神宙斯深受感动，将这只猎犬升到天上，成为大犬座。大犬座紧跟猎户座之后，以表示西里乌斯对主人的忠诚。

宙斯唯恐猎犬西里乌斯在天上生活寂寞，找了只小狗与它为伴。这只小狗就是闪耀在大犬座北面的小犬座。

小犬座内肉眼能看到的星星很少，但小犬 α 星（我国称为“南河三”）却是一颗一等亮星。南河三与猎户 α 星（参宿四）、大犬 α 星（天狼星）构成一个巨大的等边三角形，十分醒目地悬挂在夜空中，这就是著名的“冬季大三角”。

17. 同生共死——双子座

相传，天神宙斯和勒达有一对双生子，哥哥叫卡斯托尔，弟弟叫波吕丢克斯，二人形影不离，亲密无间。但是，哥哥在一次混战中不幸身亡，弟弟悲痛万分，请求父王宙斯让他们兄弟俩永远生活在一起。宙斯爱怜这对兄弟，答应了他的请求，将他们一起升到天上，成为双子座。

双子座是 12 个黄道星座之一。它位于猎户座东北方，与位于银河之西的金牛座隔河相望。星座中有两颗亮星紧紧相靠，显得十分亲热，这就是分别象征宙斯的双生子卡斯托尔和波吕丢克斯的头部的双子 α 星（北河二）和双子 β 星（北河三）。300 年前，双子 α 和双子 β 的亮度不相上下，而现在弟弟双子 β 星仍是一等星，哥哥双子 α 星却降为二等星，或许是哥哥受过重伤的缘故吧。

双子座中有一个流星群，辐射点在双子座 α 星附近。每年 12 月 11 日前后流星雨从那里出现。流星雨旺发时，一道道流星的闪光，犹如光芒四射的银链，十分壮观。

18. 车夫与山羊——御夫座

御夫座也是冬季星座之一，它位于双子座的西北方向。御夫座中最亮的 α 星，我国称之为“五车二”。御夫座中的 4 颗星与银河对岸的金牛座的 β 星构成一个五边形。若将御夫 θ 星和御夫 β 星的连线向北延伸约 3 倍，就可看到北极星。

御夫座是天神宙斯的孙子厄晨克托尼俄斯的化身。传说宙斯和神后赫拉的儿子赫斐斯塔司是个瘸子，他的儿子，即宙斯的孙子厄晨克托尼俄斯不幸也是个腿脚残疾、行走不便的孩子。但是厄晨克托尼俄斯非常聪明，他发明了四套马的马车，并能驾驶自如，弥补了自己行走不便的缺陷。宙斯褒奖他，将他连同他的马车一并升上天，成为御夫座。在御夫的肩头还扛着一只母山羊和两只小羊羔。这三只羊也是大有来历的。古希腊神话中记载：天神宙斯的父亲克洛诺斯，生性残暴，他残忍地把自己的儿女一个个都吃掉了。宙斯出生时，他的母亲瑞亚怕他也被其父吞食，将一块石头塞入克洛诺斯口中，而偷偷把宙斯生养在克里特岛上，用母羊阿马尔菲亚的奶水喂养他。宙斯长大成人后，推翻了凶残的父王克洛诺斯的统治，成为众神之王。他为了报答母羊的哺乳之恩，将它和它的两只小羊羔升上天空，委托驾车的孙子厄晨克托尼俄斯照看它们。

19. 百头巨龙——天龙座

在北天夜空的大熊座、小熊座和武仙座之间，有一个如巨龙般呈“S”形状盘旋于空中的星座，叫天龙座。

古希腊神话传说中，天神宙斯和神后赫拉结婚时，众神都带来贺礼献给新婚夫妇。该亚从海洋西岸带来一株结着许多金苹果的树作为礼物。以后，夜神的4个女儿就奉命看守和栽种金苹果树的果园，还派了一个永不睡眠的长着100个头、口喷火焰的巨龙协助看守。一生完成过12件英雄壮举的海格立斯，他的第11件冒险事迹就是夺取3个金苹果。海格立斯找到正在赎罪背负着天的巨神阿特拉斯，答应代替阿特拉斯背负着天，条件是让巨神引诱巨龙入睡并杀死它，再用计骗过女仙们，摘取3个金苹果带回来。阿特拉斯依计取得金苹果，尝到了自由的快乐，不愿再背天了。海格立斯又设计，让阿特拉斯重新背上天，自己带着金苹果凯旋。后来，神后赫拉把百头巨龙升上天空，成为天龙座。

天龙座尾巴上的α星，我国称为“右枢”，4 000多年前它曾是北极星。古埃及的金字塔塔底修筑的一条百米长的隧道，就是对着天龙α星挖掘的。古埃及的祭司们就从隧道里观察当时的北极星。而现在，天龙α星是一颗比天龙β星和γ星都要暗的四等巨星。

20世纪以来发生的最大的流星雨，就是著名的天龙座流星雨，它持续时间长达4小时，极大时每小时流星数在5 000颗以上。

20. 自成一体——小熊星座

在北半球高纬度地区的上空，有一个依偎在大熊星座身旁的永不落的小星座，这就是小熊星座。

古希腊神话中，小熊星座是受宙斯的妻子赫拉所害而变成大熊的卡力斯托的儿子——阿卡斯的化身。英俊少年阿卡斯在林中打猎，已成熊身的卡力斯托看见离别15年之久的儿子，激动得忘记了自己是只熊，竟伸开双臂要拥抱阿卡斯。阿卡斯不知此熊是自己的生身母亲，慌忙举起猎枪，准备攻击朝自己扑过来的熊。就在这千钧一发之际，阿卡斯的父亲、天神之王宙斯在天上看见了，他不愿亲子弑母的惨剧发生，使法术把阿卡斯变成小熊，将母子俩一起提升到天上，成为大熊星座和小熊星座。赫拉见母子二熊都升入空中，相偎相依，亲情无限，更是嫉妒之极，进一步加害可怜的母子：她让自己的哥哥——海神波赛东不许卡力斯托母子下海喝水，母子俩只好终年呆在天上，这就是为什么大熊星座和小熊星座永远在北极上空转圈，不能落到地平线下的神话解释。

小熊星座中最亮的α星就是著名的北极星，它率领着其他27颗六等以上星星组成小熊星座。小熊星座中有一个明显的类似北斗七星的小勺，是北极星与6颗二等星、三等星、四等星构成的，成为小熊的身躯和尾巴。北极星就在熊尾的末梢。

与北斗七星这只大勺不同的是，小熊星座的勺不仅小，其形状和勺柄弯曲方式也自成一体。

因为小熊星座靠近北天极，所以地球北半球的大部分地区一年四季都能看见它。

21. 正义女神——室女座

古希腊神话中，有位深受人们尊敬和爱戴的女神得墨忒耳。她是众神之王宙斯的姐姐，掌管植物和谷物生长的农业女神，同时也是主管真理和正义的女神。整个面积仅次于长蛇座的大星座——室女座，就是这位慈惠女神的化身。在室女座的西侧是天秤座，据说是室女用来称量善恶的天秤。

室女座中最亮的α星（即角宿一）与几颗较近的星连在一起，形成一个“Y”形，α星就在“Y”形柄端。室女座α与牧夫座的大角星、狮子座的β星构成一个巨大的三角形，这就是著名的“春天大三角”，在春季黄昏至上半夜夜空中十分醒目。

室女座里有一个庞大的星系团，它含有类似我们银河系那么大的星系2 500个，这个著名的室女座星系团虽说是离我们最近的星系团之一，实际上离我们十分遥远，约数千万光年。尤其近年来，天文学家发现，室女座星系团正以每秒1 150千米的速度远离我们地球而去。它要奔向何处？是什么吸引着它？至今仍是个疑团。

22. 触手可及——我们身边的星座

星座固然神奇奥秘、美丽灿烂，可它们毕竟离我们太远太远，真是可望而不可即呀！提到星座，你难免会有这样的遗憾。其实大可不必，只要你留意，你会发现，星座就在我们的身旁。

你看，在20世纪20年代建立的日内瓦国际联盟大厦（现名万图宫）的广场上，有一座巨大的金属天球模型，球面上布满了空心雕刻的古典星座造型，精美无比。这个用星座图形组成的天球模型，象征着整个宇宙。

在位于大洋洲的澳大利亚、新西兰，还有新几内亚和西萨摩亚等国的国旗上，你会看见南天最引人注目的南十字星座图案，它标志着这些国家的地理位置和星空特征。巴西国旗上绘制着天球和天球赤道以南的众星。美国最北端的阿拉斯加州旗上绘制着大熊星座的北斗七星以及小熊星座中的北极星，因为这两个星座是北极圈地区最显著的星系。

星座与人们的生活非常密切。艺术家笔下的星座图案还出现在许多国家的邮票里，飞向世界四面八方，飞到你我他（她）的手中。

1959年发行的北京天文馆邮票中，在20分面值的人造星空邮票上绘着北海白塔和北斗七星相互辉映的图案。

日本为纪念加入万国邮联75周年的两枚纪念邮票中，一枚是地球和北斗七星，另一枚是海船和南十字星座，象征天南海北书信传遍全球。

为纪念瑞士卢塞恩天文馆的建立而发行的瑞士邮票上绘制了飞马星座。

西班牙、瑞士、马里、圣马利诺等国都先后发行过黄道12宫星座邮票。

邮票中出现的星座图案最多的是北斗七星和南十字星座以及黄道星座，总数在百张以上。

星座还存在于音乐中。德国作曲家奥芬巴赫的《天堂与地狱》就是描述天琴座的故事。

在建筑艺术中，星座图案到处可见，如天文台、天文馆、科技馆、博物馆等的建筑上。日本仙台的地下铁道的大厅顶壁上描绘着古典星座图案，使过往的乘客如同在星座中漫游。

文学作品、绘画雕刻以及摄影艺术中，星座更是常客，只要你稍加留意就会发现。

第二篇　九天揽月——太空探索

第一节　上下求索——飞向太空

飞上蓝天，遨游太空，是人类千百年来的梦想与企望。蓝天、白云、繁星、皓月，自古以来，多少人为之心驰神往、梦绕魂牵，想象有朝一日，能够“上穷碧落”、“蟾宫折桂”。

宇宙之大，大至无限。宇宙空间之无限，决定着人类对宇宙的认识、斗争和利用，必然也是无限的，不会永远停留在一个水平上。

伴随着人类认识自然、改造自然的活动不断深入，特别是近现代科学技术的飞速发展，人类已经初步掌握了打开宇宙空间神秘之门的金钥匙。从蒙格尔费兄弟的热气球首次载人升空到莱特兄弟发明的第一架飞机；从火箭上天到苏联发射第一颗人造地球卫星；从“阿波罗”号宇宙飞船登上月球到“哥伦比亚”号航天飞机试飞成功……航空、航天事业飞速地发展着，并且随着科学技术的进步，必将发生更大的变化。

浩渺的太空无限深邃，永远放射出诱人的光芒，吸引人们对它一步一步地进行探索。

1. 天地之间——无限的宇宙空间

古时候，人们缺乏宇宙的科学知识，对大地是一个球体没有认识，他们习惯地把自己居住的地表称为“地”，相对于地表的空间称为“天”。有人把天地形成的原因解释为：混沌初开的时候，轻气上升成为天，浊气下降成为地，并认为天是圆的如斗笠，地是方的如棋盘，这就是古代有名的天圆地方说。

唐代大诗人李白说：“天地者，万物之逆旅；光阴者，百代之过客。”李白把天地比作万物栖身的旅舍，把时间比作匆匆来往的过客，他引出了时间的概念，并把时间和空间巧妙地结合起来，成为一个完整的概念，这就是今天我们所说的宇宙。宇是空间，宙是时间，茫茫宇宙曾引起古人无限的遐想，从而产生了许多美丽的神话传说。比如，盘古开天辟地、女娲炼石补天、银河隔断牛郎和织女等。这些美丽动人的传说，反映了古人对宇宙的认识。

千百年来，人们不断地探索，终于揭开了所谓“天地”之谜，宇宙正被人们逐步认识。宇宙是广阔无垠的，其中，银河系只不过是宇宙里众多星系中的一个，而银河系本身是由大约 1 000 亿个太阳系这样的恒星系组成的，其形状有如运动员投掷的铁饼，中间厚而四周薄，这说明群星密布在银河系的中央，我们在地球上看到的银河，就像一个铁饼的投影。那么这个铁饼究竟有多大呢？它的直径是 10 万光年，就是说，以光的速度 30 万千米每秒也要走 10 万年！这个路程是多么遥远。这样看来，我们居住的地球，在宇宙这个大海洋中不过是“沧海一粟”。可是，在这个“沧海一粟”的小小星球上生活的人类，却凭他们的智慧和能力，创制了许多大型超级望远镜。通过这些望远镜，能看到离我们几十万甚至上百万光年的星系。

2. 振翮高飞——我国古代的飞行尝试

遨游太空是人类的愿望。人类飞行最早受到动物，特别是鸟类飞行的启发。飞行的最初尝试是单纯模仿鸟。

我国西汉王莽时代，有人用鸟的羽毛做成两只大翅膀装在身上，并在头和身上粘满羽毛，模仿鸟飞行，飞行了数百步才落地。这是人类最早的飞行尝试。

到了东汉时期，我国科学家张衡制造出一种木鸟，身上有翅膀，腹中有器件，能飞数里。这就是历史上记载的木鸟飞天的故事。

五代时期，莘七娘随丈夫进入四川作战，他们用竹和纸做成方形的灯笼，底盘上点燃松树脂（松香油），当热气充满灯笼时，灯笼会扶摇直上，晚上高挂在空中，作为军中联络信号。这种松脂灯，被称为“孔明灯”，以纪念三国时期蜀国的政治家和军事家孔明（诸葛亮）。

孔明灯流传于中国许多省份，形状各异，大多数为球形或圆柱形，灯中燃烧的燃料除松脂外，还有一般的油和木柴等。名称也五花八门，如云灯、云球、飞灯、天灯或宫粉（云南西双版纳的名称）等。

孔明灯就是一种原始的热气球。可见，我国古代热气球已广为流传。

在古希腊，有代达罗斯父子向太阳飞行的神话；在我国，有嫦娥奔月的传说。到 18 世纪初，我国已有“顺风飞车，日行万里”的说法，还画出了飞车腾云驾雾的想象图。后来，关于飞人、飞木鸟的故事就更多了。可见，航天已经是人类几千年孜孜以求的愿望。

现代火箭的诞生，使千百年来人类遨游太空的理想终于实现了。火箭是现代先进科学技术的一大标志，但是，火箭在历史上又是十分古老的。

火箭是中国发明的。在公元11世纪左右，我国已制造了火箭，当然这是一种原始火箭。它用纸糊成一个筒，把火药装在筒内（实际上就是固体火箭发动机），然后把这个药筒绑在箭杆上。药筒前头封闭，后头开口（即喷管），火药燃烧时从后口喷出大量气体，利用反作用力推动火箭前进。这种原始火箭，实际上是现代火箭的雏形。

火箭利用反作用力推动前进。在自然界，利用反作用推动原理为自己前进提供动力的动物有许多，如鲍鱼就用向后喷水的方法使自己快速前进，乌贼是用向后喷汁的手段使自己前进的。

我国古代劳动人民不但发明了火箭，而且将火箭用于军事，如用火箭攻击敌营等。据记载，1126年，宋、金的开封府之战，宋军就用火箭抗击金兵。

现代多级火箭的思想是俄国的齐奥尔科夫斯基在20世纪初才提出的，而我国早在1621年的《武备志》中就已经记有名为“火龙出水”的初始两级火箭。

“火龙出水”是一种最早的两级火箭，它由约1.6米长的毛竹制成，前边装有一个木制的龙头，后边装有一个木制的龙尾。龙身下边一前一后装两枚大火箭，而肚子内又另装几枚火箭，并把肚子内几枚火箭的引火线总联到龙身下面两枚大火箭的底部。

《武备志》中记载：“水战，可离水三四尺燃火，即飞水面二三里去远。如火龙出于江面。筒药将完，腹内火箭飞出，人船俱焚。”也就是说，火龙出水发射时，离开水面1~1.3米，由龙肚子底下的两枚大火箭提供推力，把它送到1~1.5千米之外。大火箭烧完时，引燃龙肚子内的所有火箭，由它们去攻击目标，烧毁敌方船只。

这种两级串联式火箭，其原理与我国“长征”3号串联式运载火箭相似。我国“长征”3号三级火箭，就是采用一级燃烧完，点燃二级；二级燃烧完，点燃三级，从而把卫星送入轨道。

在月球背面，有一个“万户”火山口。人们为什么把它起名为“万户”呢？这是有原因的。

我们知道世界上第一个航天员是苏联的加加林。1961年4月，加加林由“东方”号运载火箭送上太空而轰动了全球。可是，你是否知道，最早进行这类尝试的却是中国明朝的一位学者——万户。

中国是最早发明和使用火箭的国家，这是举世公认的事实。1500年前后，万户提出了乘火箭遨游太空的设想，这个设想的时间比苏联的“火箭始祖”齐奥尔科夫斯基早了300多年。

万户的设想是这样的：在一把椅子后面绑上47枚当时最大的火箭，人坐在椅子上，双手拿着大风筝。利用火箭的推力把人送上天，再巧妙地拿着风筝返回地面。万户不仅这样想了，而且这样做了。那是一个晴朗的早晨，万户把椅子架起来，把47枚火箭捆在椅子后面。他自己高兴地坐在椅子上，让助手同时点燃这47枚火箭。霎时，火箭被点燃了。可惜，一声巨响，火箭爆炸了，只见硝烟弥漫，碎片纷飞，再也找不到万户本人了，他为人类航天事业献出了生命，他是宇宙航天的先驱。

世界科学家们为纪念万户献身航天事业的伟大创举，就将月球背面的一个火山口命名为“万户”火山口。

3. 飞行先锋——热气球

无论是万里无垠的蓝天，还是群星璀璨的夜空，都令人产生无限遐想与渴望。千百年来，人类一直不断地探索与尝试，梦想着能够像飞鸟一样在蓝天白云间自由翱翔。

1783年6月5日，法国的约瑟夫和艾田·蒙格尔费兄弟成功地进行了热气球的飞行表演。该气球是一个直径为10米的布气球，上升至1 800多米的高空，10分后降落。此后，法国学术协会邀请蒙格尔费兄弟到首都巴黎进行表演。

这一年的9月19日，巴黎富丽庄严的凡尔赛宫前宽阔的广场上，高高耸立着两根木柱，上面系挂着一个用金色的纸和麻布制成的漂亮的大球，它高17米，形状像一个倒挂的大梨。热气球的发明人蒙格尔费兄弟不断地往灶里添加羊毛和稻草，灶中喷出的股股热浪和浓烟，使大彩球一点儿一点儿地膨胀起来。广场上人群涌动，热闹非凡，连法国国王路易十六世和王后也率领满朝文武到场观赏气球升空表演。有史以来首次升空的第一批乘客是一只山羊、一只公鸡和一只鸭子，它们被放进热气球下面的吊篮中。不一会儿，美丽的大彩球充满了热气徐徐地升起来，三位“乘客”也随之飞到450米的高空。飘呀飘呀，8分后，气球和吊篮降落在3千米以外的森林里。山羊跳出吊篮，贪婪地吃起绿草；鸭子若无其事地踱着方步，怡然自得；只有可怜的公鸡在气球着陆时被压伤了胸膛，奄奄一息。

成功的飞行极大地鼓舞了人们。年轻而勇敢的罗泽尔和德尔朗达决定乘坐热气球，承担首次载人空中飞行的重任。

1783 年 11 月 21 日，晴空万里，阳光明媚，好奇的人们聚集在米也特堡观赏历史上前无古人的载人气球飞行表演。

新设计的热气球是一个很耀眼的蓝色与金色相间的大球，上面印有十二宫图和其他图案。它的直径为 15 米，全高为 23 米，底部安装有载人的围圈。蒙格尔费兄弟紧张而兴奋地往灶里添加着羊毛和稻草。数分钟后，充满浓烟和热气的巨型气球挣脱了系留索，载着两位航空飞行的勇士在欢呼声中冉冉升起。人群变得越来越小了，罗泽尔和德尔朗达从容镇定，向欢乐的人群频频挥手致意。气球升到 900 米的高空，飞过塞纳河，25 分后，在 9 千米外的蒙马尔特安全降落，从而完成了历史上首次热气球载人飞行的创举，开辟了人类航空的新时代。

从此以后，人们不断乘坐热气球进行飞行尝试。1784 年 6 月，巴黎妇女姬泊夫人和弗伦特先生在法国里昂乘坐热气球升空，她光荣地成为历史上第一位女飞行员。

4. 步履蹒跚——氢气球和飞艇

氢气是一种无色无味的气体，它的密度最小，仅为空气的 1/14.5。根据氢气的这种特点，科学家们设想把这种最轻的气体充入容器中制成气球，然后飘上高空。

1783 年 8 月 27 日，在法国巴黎，查理教授用浸涂橡胶的丝织品首次制成了氢气球，升入高空。氢气球飘飞了约 24 千米后降落。由于氢气球散发出一股股浓烈的硫黄气味，被当地的居民当成是恶魔。人们在天主教司祭的怂恿下，开枪打漏了气球，并把它绑在马尾巴后面，拖成了碎片。

然而，在 1783 年 12 月 1 日，查理和他的助手罗别尔终于乘坐他们研制的氢气球顺利升入天空，以无可置疑的成功证明了胜利永远是属于科学的。他们共飞行了两个多小时，行程约 40 千米，达到 650 米的高度。当天，查理还独自乘坐氢气球进行了飞行，并达到 2 000 米的高度，从而开创了人类历史上飞行高度的纪录。查理的氢气球的一些设计细节一直沿用到现代气球上。

此后，人们对气球渐渐狂热起来，除氢气球外，又出现了氦气球。气球的用途也越来越广泛，可用于气象研究、跳伞训练、投掷宣传品以及拦阻敌机等各个方面。现代气球已发展成为一种进行高空探测的重要工具，如银河外星系的 γ 射线、银河系中的反物质等都是首先靠气球获得的。

早在1873年，人类便开始了乘坐气球飞越大西洋的尝试，只是那个从纽约起飞的气球，飞离海岸不远便失败了。此后的100多年间，人们不断进行探索，试图开通这条航线，但一次次努力均告失败，留下一个又一个悲壮的记录。

经过多次的挫折和失败，终于在1978年8月17日，“飞鹰”2号气球载着3名美国飞行家：本·阿布鲁佐、马克西·安德森和拉里·纽曼，经历了6天6夜的飞行，从美国的缅因州海岸出发，飞越大西洋，降落在法国巴黎西北100千米的小镇米塞雷，完成了横渡大西洋的壮举，实现了100多年来飞行家们的梦想，同时创造了载人气球飞行距离最远和留空时间最长两项世界纪录。

1783年，人类利用热气球和氢气球首次实现了升空飞行。但使用气球在空中飞行，只能随风飘荡，无法控制它的航向，人们开始尝试在气球上安装推进装置。由于当时还没有发明发动机，所以只能依靠人力，于是出现了早期的人力飞艇。

1784年，法国的罗伯特兄弟制造了一艘人力飞艇。这艘飞艇长15.6米，最大直径9.6米，气囊容积940立方米，在充满氢气后可产生9 800多牛顿的升力。由于制造者认为飞艇在空气中飞行也许和鱼儿在水中游泳差不多，因此把它制成鱼形，前进的动力则是靠人力划桨。划气桨是用绸子绷在直径近2米的框上制成的。1784年7月6日，飞艇进行了首次试飞，由7个人划桨，在空中停留近7个小时，沿着不同方向徐徐移动了几千米，进行了初步的尝试。

在以后的几十年里，人们不断提出新的设计方案，陆续进行试验，但全部都是以人力为动力。直到18世纪末，蒸汽机、内燃机相继出现，才真正实现了动力飞行。

1900年，德国人齐柏林制造出了世界上第一艘硬式飞艇，不仅当年的气囊改头换面为飞艇，而且动力来源依靠汽油发动机，因此动力性能大为提高。1910年，硬式飞艇改进为软式飞艇，它具有当时其他交通工具所无法比拟的安全性和运载能力，成为空中的主要交通工具。在此后的几十年当中，飞艇从空中运送了17 000多名乘客，并在军事上得到运用，成为最早的空军力量。然而就在飞艇逐渐崭露头角、统治广袤的天空的时候，终结这种空中霸王的交通工具悄然诞生了。

5. 梦想成真——第一架飞机的问世

1903 年，威尔伯·莱特和奥维尔·莱特兄弟发明了第一架以内燃机为动力的可操纵的有人驾驶飞机。

莱特兄弟是自行车技师，在美国俄亥俄州德顿城开了一个自行车小作坊。他们没有上过大学，只有中学文化程度。他们的外祖父和母亲都是技术很高的手艺人，因此他们从小受过很好的制造手艺的教育。

莱特兄弟少年时代就对飞行很感兴趣。小时候，父亲送给他们一个用橡皮筋作动力可飞行的小玩具，他们照这个玩具仿制了几个都能飞起来，在制造一个尺寸大得多的玩具时，却失败了。成年以后，他们从报纸、杂志上看到德国人奥托·李林塔尔从小山顶往下做滑翔飞行试验时摔死的消息，少年时代对飞行的兴趣又萌发出来。于是，他们开始搜集有关飞行的书籍，不断思考着：既然鸟能不费力地用两个翅膀在空中翱翔，那么人为什么不能用同样的手段在空中飞行呢？

1895 年 5 月 30 日，威尔伯·莱特写信给斯密森学会，询问有关飞行方面的问题，几天后收到了由学会副理事长 R. 腊斯本签署的回信和一些航空书籍。通过仔细阅读这些书籍，如法国人马雷的《动物机理》、德国飞行家李林塔尔的《飞行器的进步》等，他们不仅掌握了一定的航空知识，而且了解了前人飞行的经验和教训。

1901 年 9 月，莱特兄弟搞了一个小型风洞，在里面做了多项测量工作。他们通过风洞出来的气流吹到薄板上产生压力，从而得到表面升力的精确数据。同时，他们还设计和制造了另一种测量升力和阻力比例的设备，用这两种设备对升力及升力和阻力的比例做了上千次的测量。

1902 年，莱特兄弟设计出较大的带动力装置的新飞机。

为了给新飞机弄到一台发动机，他们写信给几家最有名的汽车制造商，但是没有得到满意的答复。于是他们开始自己设计。在自行车技师泰勒的帮助下，他们花了 6 个星期的时间制造出一台 12 马力、重 77 公斤的活塞式发动机，链式传动，带动两叶螺旋桨。

1903 年 12 月 17 日，莱特 1 号飞机开始试飞。这架飞机长 6.5 米，翼展 12.3 米，全机重 280 千克。第一次飞行由奥维尔·莱特驾驶，飞行距离为 36 米，留空时间为 12 秒。在第 4 次飞行中，威尔伯·莱特驾驶飞机在 59 秒内飞行了 260 米，这是后来得到世界公认的第一次自由飞行的记录。此后，莱特兄弟又不断对飞机进行改进和研究，并多次到世界各地进行飞行表演。后来，莱特兄弟被誉为“航空奠基人”。

6. 碧空翱翔——现代飞机的大家族

多才多艺的水上飞机

亨利·费勃1882年生于法国的一个船舶世家，从小他就目睹了风暴、海啸的凶猛以及在海洋中航行的艰辛，因此自飞机发明以后，他便立志制造一种能在水上起飞降落的飞机，以防备海上航行时遭遇不测。1910年3月28日上午，在法国南部最大的商港马赛港附近，亨利·费勃驾驶着自己设计制造的飞机，从海上起飞，以每小时60千米的速度飞行了500米，并安全降落。下午，他又做了公开飞行表演，飞行距离6 000米。第一架水上飞机从此诞生了。亨利·费勃被人们誉为“水上飞机之父”。

我国旅美华侨谭根在1910年也设计制造出水上飞机，并在当年举行的万国飞机制造大会上参加比赛，获得水上飞机比赛第一名。

早期人们对水上飞机十分重视。1913年，在地中海沿岸的摩纳哥公园举行了第一次水上飞机的国际比赛，规定飞机绕一定的回路飞行。在比赛中，法国驾驶员姆·普雷伏斯特创造了每小时204千米的直线飞行速度纪录。

此后，水上飞机不断发展。20世纪30年代初投入使用的德国“多尼DO－10”水上飞机，用12台美国冠蒂斯发动机作动力，总功率7 800马力。螺旋桨前后排列，前拉后推，起飞重量达56吨。机内设备豪华舒适，首次飞行运载169名旅客，环绕地球一周，在航空史上写下了壮丽的一页。

现在，随着陆上飞机性能的不断完善，以及直升机和航空母舰的发展，水上飞机在航空事业中的作用远不及20世纪20年代了。但是，由于它具有水上起落的特点，因此仍有实用价值。目前，世界上许多国家仍在发展水上飞机。

快如闪电的火箭飞机

世界上的飞机，根据它们所选用动力装置的不同，可以分为活塞螺旋桨飞机、涡轮螺旋桨飞机、涡轮喷气飞机、涡轮风扇飞机、冲压式喷气飞机和火箭飞机等。火箭飞机是用火箭发动机提供动力的有翼飞行器，它的特点是速度快、飞得高，因此主要应用于航空和宇航事业进行的研究试验中。

世界上第一架以火箭为动力的飞机是德国海因克尔公司的HE－178，它的设计师就是后来成为美国“火箭之父”、但当时还不出名的工程师冯·布劳恩。HE－178火箭飞机于1939年6月20日首次试飞，该飞机装有一台推力为 5 880 多牛的 HWK—RI—203 火箭发动机，用过氧化氢和甲醇作推进剂。在同年 7 月 3 日的一次试飞时，速度达每小时 850 千米，可算是当时的最高纪录。但由于飞行持续时间太短，不久因爆发了第二次世界大战而中断了研制工作。

两年后，德国的梅塞施米特公司设计制造出世界上第一架能作战使用的 ME－163 火箭飞机。ME－163 机体很小，翼展 10 米，机长 7 米，无尾翼。后掠机翼采用了普通的翼型，但厚度与翼弦比很大，目的是把燃烧箱装在机翼里。在 1941 年 10 月 2 日的试飞中，ME－163 的速度达每小时 1 003.77 千米，首次突破时速 1 000 千米的大关。

灵活机动的直升机

20 世纪内燃机的问世，推动了工业革命的发展，也使直升机的研究进入载人试飞阶段，并逐步获得成功。

1907 年，法国人保罗·科尔尼制造了历史上最早飞行的直升机。这架直升机机身前后各装有一副飞轮式的旋翼，每副旋翼有两片桨叶，靠 24 马力的发动机驱动。11 月 13 日，保罗的直升机首次飞离地面，在 20 秒的时间内，上升了约 30 厘米的高度。

早期的直升机在发展过程中，除遇到动力问题外，还有操作性和稳定性差的难题。在攻克这个技术难题上，西班牙人马科斯·佩斯克拉作出了巨大贡献。他早在 1919 年便开始从事共轴式直升机的研究。1923 年，他在第 3 个型号上，安装了现代直升机必不可少的有铰桨叶、总矩操作和周期交矩操纵系统，初步解决了直升机稳定性的操作性问题，并实现了侧飞、自转下降和瞬间增矩着陆等具有重大实用价值的机动飞行。

1942 年 1 月，在美国陆军航空队某基地，诞生了人类第一架具有实用价值的 XR－4 直升机。XR－4 的原型是被誉为“近代直升机之父”的伊格尔·西科斯设计的 VS－300，它于 1940 年 5 月 13 日首次自由飞行试飞成功，成为世界上第一架单旋翼实用型直升机。

这架外形奇特的新式飞行器，骨架是由 10 根钢管焊接而成，装有一台 75 马力的四缸气冷活塞式发动机，发动机主轴经齿轮箱减速同时带动直径 8.5 米的三叶旋翼和呈水平状态的可操纵的两叶尾桨。XR－4 为英美政界要人们做了在 6 米见方的地面上垂直起降、悬停、前飞、侧飞、垂直上升到 150 米的高度、关机自转下滑、近地悬停等飞行表演。最令人拍手叫绝的是吊一网篮生鸡蛋着陆而无一破碎。至此，直升机首次向人们展示出它奇特的飞行特性和技术上的初步成功。

1982年8月1日，美国人罗斯·帕罗特和詹伊·高波恩驾驶贝尔206L“远程突击队”直升机从得克萨斯州出发，向西绕地球一周，9月30日返回原起飞点，完成了直升机的首次环球飞行。此后，澳大利亚人戴伊克·史密斯驾驶贝尔206B“喷气突击队员”直升机进行了单人环球飞行，从而再次证明了直升机进行远程飞行的可靠性。

应用广泛的旋翼机

旋翼机是介于定翼机和直升机之间的一种飞行器。在历史上，旋翼机无论在技术方面还是在应用方面，都曾比直升机要成熟得多，应用也更广泛。

早在1923年1月9日，西班牙人拉·西瓦亲自驾驶改良后的C8L型旋翼机，载着一名乘客，从伦敦起飞，首次成功飞越英吉利海峡直抵巴黎。这一创举还独创性地采用了旋翼有动力预转起飞的方法，从而缩短了起飞滑跑距离。

此后，人们一直不断研制各种旋翼机。

VX15是美国贝尔直升机公司根据军事部门、国家航空与宇航局的要求研制的旋翼机。这种飞机在机翼两端各装有一部可以转动的短舱，内部安装有三叶螺旋桨式发动机。当短舱垂直上升时，它能像直升机一样垂直起飞，然后在空中转动发动机短舱，使其对准飞行方向。此时，飞机像普通飞机一样平飞。VX－15的最大起飞重量为5.9吨，飞行高度达9 000米。在5 000米的高度上，速度可达每小时550千米。

这种旋翼机实际上是直升机与普通飞机相结合的产物，其飞行速度、高度和经济效益都大大超过了现代直升机。各国军事专家普遍对研制这种具有直升机和普通飞机双重功能的旋翼机十分感兴趣。

“空中自行车”——人力飞机

在近代人力飞机的发展过程中，英国的克莱默奖起了很大的促进作用。

1960年1月，英国皇家航空学会宣布，微电池公司主席兼经理、工业家克莱默提供了一笔5 000英镑的奖金，授予能实现8字飞行的人力飞机。条件规定人力飞行必须完全依靠人力从地面起飞，绕相距800米的两根立柱飞出一条8字形航线，飞行高度要超过3米。

1967年，仅英国就制造了十几架人力飞机，但没有一架能完成8字航线的飞行。克莱默在失望之际决定将奖金由5 000英镑提高到10 000英镑，并宣布此项奖金不再局限于本国，而是面向全世界。1973年，世界上的人力飞机超过30架，但仍没有人能够完成此项飞行。于是克莱默又将奖金提高到50 000英镑，成为航空史上金额最大的一笔奖金。

面对克莱默奖的巨额奖金和飞行难题的挑战，英、日、法、美等国积极进行研制工作，展开激烈竞争。

1961 年 11 月，由英国骚桑普敦大学的学生们制造的第一架由人力从地面自行起飞的人力飞机试飞成功。这架人力飞机具有自行车式驱动的推进螺旋桨，翼展 24.4 米，重 58 千克，最远飞行了 600 米的距离，离地约 1.5 米。

此后不久，英国霍克·西德利宇航公司的职工制造出一架更精致的人力飞机——“海鸭”号，并在 1962 年创造了直线飞行 908 米的纪录。这个纪录一直保持了 10 年，直到 1972 年，才被英国空军研制小组的“木星”号人力飞机打破。

“木星”号人力飞机长 9 米，翼展 24.38 米，重 66 千克。1972 年 6 月，它创造了人力飞机直线飞行距离 1 070 米的新纪录，留空时间为 1 分 47 秒。

它的特点是把螺旋桨由机尾移至机身中部的桨架上，从而简化了传动机构，提高了螺旋桨的效率。

日本从 20 世纪 60 年代开始研究人力飞机，日本的大学生用 3 年时间制造了“红雀”号人力飞机。后来又在“木星”号的启发下，研制成功“白鹤”号人力飞机。“白鹤”号飞行距离多次超过 500 米，并完成了 180°转弯。1976 年 11 月，还创造了 2 093 米的飞行成绩，成为克莱默奖的有力争夺者。

1976 年，美国加利福尼亚州的航空工程师麦克里迪制造了一架奇特的人力飞机——“飘忽秃鹰”号。麦克里迪曾经是一名优秀的滑翔机运动员，还是伞翼滑翔的爱好者，他在设计中打破了最流行的人力飞机的设计方案，而应用了伞翼滑翔的原理。“飘忽秃鹰”号翼展长 30 米，重 32 千克，翼表面蒙着一块极薄的薄膜，大机翼下方有一个驾驶座，座前挡了一块流线型挡板。驾驶座下方是一对脚蹬，它用传动链条带动飞机后方的双叶螺旋桨。机身前方伸出一根细长的铝管，管的前端安装了一只鸭式前翼，用来操纵飞机的飞行。飞行员是 24 岁的运动员布鲁安·艾伦，他在短时间内可蹬出 1.2 马力。

1977 年 8 月 23 日，“飘忽秃鹰”号人力飞机飞行了 7 分 28 秒，航程 2 173米，不仅作了直线飞行，而且顺利完成了 8 字航线的飞行，从起飞到着陆，飞越指定标志线时，离地距离超过了 3 米。麦克里迪因此获得了举世瞩目的克莱默奖。

在 8 字航线被征服之后，1978 年，英国皇家航空学会宣布了新的克莱默奖，即以10万英镑奖给第一架飞越英吉利海峡的人力飞机。

消息传出后，人们议论纷纷，飞越英吉利海峡是人力飞机所能完成的吗？人力飞机的研究者们无不苦心钻研、跃跃欲试，展开了激烈的角逐。

1979年6月12日，在英国南部小镇福克斯通的码头上停放着一架古怪的飞机，这就是麦克里迪设计的又一架人力飞机“飘忽信天翁”号。它有一对细长的机翼，没有尾翼，翼展长30米左右。机翼正下方的座舱中安装了两只小小的塑料轮子。飞机不带发动机，只有一套用塑料链条传动的脚踏机构，带动机翼后面的塑料螺旋桨。飞行时，飞行员的脚踏动力使螺旋桨旋转，产生升力。

飞行员艾伦整装待发了。他的目的地是海峡对岸的法国加来地区。这是历史上首次驾驶人力飞机飞越海峡的尝试。

5时51分，飞机顺利起飞。原计划“飘忽信天翁”号可以在2小时之内飞完全程，但是1小时15分之后，海上波涛汹涌，引起海峡上空空气的扰动，这给飞行带来很大困难，艾伦顶风前进，速度减慢下来。由于闷热和脱水，艾伦的腿部发生了痉挛，他已经精疲力竭了，但仍然坚持着。

8时40分，“飘忽信天翁”号终于顺利抵达了法国的格里内角海滩。

此次飞行历时2小时49分，航程37千米，不愧为当代航空史上的又一奇迹，也是人力飞机发展道路上的又一里程碑。设计师麦克里迪因此再次摘取了克莱默奖。

此后，麦克里迪和助手们把“飘忽信天翁”号修复一新，送往当时尚未闭幕的巴黎航空博览会上公开展出。

以后，实业家亨利·克莱默再次向英国皇家航空学会捐赠10万英镑，作为人力飞机的速度竞赛的奖金。这个速度竞赛被称为克莱默世界速度竞赛。竞赛要求人力飞机在3分内沿三角形航线飞行1 500米。奖金中2万英镑奖给第一个完成这种飞行的人，以后每打破一次速度纪录奖给5 000英镑，直到10万镑发完为止。

1983年9月25日和27日，在美国加利福尼亚州萨夫特机场上，一架名为“仿蝙蝠”的人力飞机以每小时41千米的平均速度两次飞完了一个1 600米长的锐角三角形的航线，平均每次飞行时间为2分38秒。

“仿蝙蝠”人力飞机是在麦克里迪指导下，用石墨、Kevlar、聚苯乙烯和聚酯树脂制造的，重36.3千克，翼展长14.6米。它带有电储能系统，在飞行前10分，飞行员踏动脚蹬带动发电机给电池充电。电池是与带动变矩推进式螺旋桨的发动机接通的，这样电动机可帮助飞行员驱动螺旋桨。

这次飞行由麦克里迪的儿子完成，使麦克里迪再度获得了克莱默速度竞赛奖。

翩翩翱翔的太阳能飞机

太阳能飞机是以太阳能为动力飞行的飞机。世界上第一架太阳能飞机是由美国航空工程师麦克里迪设计的。

麦克里迪设计了“飘忽企鹅”号人力飞机，在机翼上安装了16 000块光电池。光电池又叫太阳能电池，它是一种夹有光敏层的硅片，可见光通过硅片时，光粒子与光敏层的化学物质作用，释放出电子，产生的电流经过导线传递给发动机，发动机带动螺旋桨转动，使飞机飞行。

1980年8月，“飘忽企鹅”号由女驾驶员珍尼丝·布朗操纵，飞行了3.2千米，飞行时间为14分32秒。在初次飞行中，飞行的高度仅为30米，虽然在这一高度上不能保证获得足够的阳光，但初次飞行的成功，足以证明了麦克里迪的设计思想是可行的。

随后，麦克里迪决定进一步改进他的太阳能飞机，他得到了著名的杜邦公司的支持。杜邦公司为他提供了一系列航空和宇航用的新型材料——工程塑料，以及经费、工程师和摄影组等。

1980年12月，新设计的“太阳挑战者”号太阳能飞机试飞成功。它的主翼和尾翼上装有16 128块太阳能电池，飞机全长9.1米，翼展14.3米，机体重量仅为90千克。在8小时的时间里，飞机飞行了370千米，高度达到4 360米。即使在云彩遮住阳光的时候，飞机下降的速度也仅有30米每分,能确保飞行安全。

“太阳挑战者”号太阳能飞机几乎是一架全塑飞机。首先，在机翼的主支撑结构和操纵、着陆装置等部位，使用了强度是钢铁5倍的聚芳族纤维，在整个机体的增强部位，也都使用了这种材料。其次，在机体和机翼的蒙皮上采用了聚酯薄膜。最后，在主翼的夹层结构中，还使用了聚芳纤维纸蜂窝。此外，用得较多的材料是具有优异耐气候性和不易变色的丙烯酸薄膜和氟塑料薄膜。正是由于采用了这些性能优异的工程塑料，“太阳挑战者”号才既牢固又轻便，成功地完成了飞行。

1981年春天，“太阳挑战者”号即将飞越英吉利海峡的飞行。飞行员是28岁的普达塞克，他既进行过滑翔机的飞行，又驾驶过喷气式飞机，经验十分丰富。1981年6月，太阳能飞机由一艘航空母舰运往法国。7月7日，晴空万里，太阳能飞机就要起程了。普达塞克依次接通5组太阳能电池，开始驾驶“太阳挑战者”号滑跑起飞，经过7次试飞，飞机终于离开地面，以大约每分钟 70 米的速度迅速上升，几分钟后达到 600 米的高度，然后昂首飞向英吉利海峡。

普达塞克稳稳地爬升，同时不断调整航向和转动可调螺旋桨，以便进入最佳飞行状态。突然，平静的空气中出现了一股紊流，“太阳挑战者”号剧烈地俯仰、扭摆起来，原来附近出现了两架飞机，上面满载着新闻记者和摄影师。虽然距离相当远，但那强烈的尾流足以令轻盈的“太阳挑战者”号面临灭顶之灾。幸亏法国空中交通管制部门及时解围，才把热心的采访者打发走了。

此后，普达塞克耐心地斜飞“Z”字航线，避开云朵，捕捉更多的阳光。不久，英国的多佛尔海滩终于映入眼帘，太阳能飞机飞临英国领空。在连续飞行 5.5 小时、行程 260 千米以后，“太阳挑战者”号终于安全降落在蒙斯顿皇家空军基地。

这次具有历史意义的飞行，标志着太阳能作为一种崭新的能源进入了人类航空领域。

7. 深空运载——火箭

俄国双耳失聪的中学教师齐奥尔科夫斯基，对火箭理论的研究和发展作出了震古烁今的贡献。他首先敏锐地指出，巨大火箭的动力应当是液体火箭发动机。他设计了用液体火箭发动机作动力的飞行器草图，并设想用煤油和液氧作推进剂（燃料）。

1857 年 9 月 5 日，齐奥尔科夫斯基诞生于俄国的一户贫寒农家。9 岁那年，由于患了严重的猩红热病，双耳丧失了听力，无法继续上学。从此，他在母亲的指导下，学习功课。童年的不幸，使他整天待在家里阅读书籍，再也无法与别的孩子一起玩，从而疏远了与他同龄孩子的联系。两年后，母亲去世，这种不幸，使他变得更加孤独，同时也使他开始沉醉在书本的海洋中。

16 岁那年，父亲把他送到莫斯科学习。他住在一位贫苦洗衣妇女家里，每天忘我地自学，不论是炎热的夏天，还是寒冷的冬天，他都到附近图书馆里埋头读书，甚至常常忘记饥饿和寒冷。他认识到，刻苦自学是猎取科学知识的唯一道路。尽管生活上很艰辛，只能用一点面包充饥，但在莫斯科的 3 年里，他自学完微积分、解析几何、球面三角、高等数学、物理学、化学、天文学等许多学科，其中关于飞行的问题像吸铁石一样吸引着他，使他脑子里充满了各种幻想。

三年半后，他回到家乡，当了中学教师。

后来，齐奥尔科夫斯基全力以赴地投身于火箭和宇宙航行问题的研究之中。他确信只有火箭才是实现宇宙航行的最理想的交通工具，并首先提出多级火箭理想速度的计算公式。这个公式就是著名的齐奥尔科夫斯基公式，它解决了火箭及其运动的一系列理论问题。1898 年，他完成了第一部有关火箭原理研究的科学论著。这部著作为航天事业树立了一个里程碑，为火箭技术的发展奠定了基础。

1935 年，这位火箭之父的心脏停止了跳动。

世界上第一个制成液体火箭并投入试验的，是美国科学家戈达德。1926 年 3 月 16 日，在罗斯维尔的荒郊，架起了一座 2 米多高的发射架，上面竖着一枚高约 3. 9 米的火箭，戈达德要在这里进行划时代的试验。开始发射了，火箭下面喷出燃气，火箭直往上蹿，可是只飞了 12 米高、56 米远。这和现代的火箭相比，自然不可同日而语，但它毕竟是世界上第一枚发射成功的液体火箭。戈达德的贡献是把航天理论与火箭技术结合起来，使火箭进入实际的研制阶段。戈达德不断地改进他的火箭，最终使火箭有了相当可观的高度和速度。戈达德是制造液体火箭的创始人。刚开始发射的火箭，由于没有控制设备，火箭不能按预定的方向飞行，1932 年，戈达德开始用高速旋转的陀螺来解决火箭的稳定性。陀螺能绕某一个支点自由旋转，最简单的陀螺就是民间玩具“地转子”或称“地牛”。当“地牛”在地面围绕自身轴线飞快转动时，你越使劲抽它，它就转得越欢，立得越稳；不使劲抽就转得慢，开始摇晃；如果不抽，“地牛”最终就会倒地。这一特性就是旋转物体的定轴性。火箭装上这种陀螺就能扶摇直上了。

火箭上升到一定高度后，还要改变方向，这就需要操纵。为了解决这个问题，戈达德发明了燃气舵，它的功用有如飞机的方向舵，不过飞机的方向舵是靠外部气流的作用，使其偏转以改变飞机的航向，而燃气舵却是装在火箭发动机的内部靠近喷口的地方，它利用燃气流的作用使其偏转，从而达到改变火箭方向的目的。1932 年，戈达德完成了陀螺和燃气舵控制火箭飞行的试验。1935 年，戈达德制造的火箭的速度超过音速，射程达到 70 千米。

8. 独树一帜——我国的“长征”系列运载火箭

中国第一颗卫星与“长征”1 号火箭

1970 年 4 月 24 日，我国酒泉发射场区风和日丽，春风拂面，人们精神抖擞，期待着中国第一颗人造卫星上天。

发射时刻终于来到了。21 时 35 分，火箭在震耳的隆隆声中离开了发射架，徐徐上升，发动机喷出的几十米长的火焰，光亮夺目。火箭越飞越快，直冲云霄。

21 时 48 分，从现场指挥所里传来卫星进入太空的喜讯。

我国第一颗人造卫星发射成功，在我国航天史上具有划时代的意义，是我国发展航天技术的一个良好开端。

把第一颗卫星“东方红”1 号送上太空的火箭叫“长征”1 号。它是我国第一枚多级运载火箭，以两级液体火箭为基础，加第三级固体火箭而成。

火箭全长 29.46 米，竖起如同大烟囱。火箭最大直径为 2.25 米，起飞重量 81.5 吨，起飞推力 1 020 千牛，能把 300 千克重的卫星送入 440 千米高的太空。

1971 年 3 月 3 日，“长征”1 号火箭又把“实验”1 号科学实验卫星送入地球轨道。

返回式卫星与“长征”2 号火箭

1976 年 12 月 10 日，新华社宣布：我国 12 月 7 日发射的人造地球卫星已按预定计划准确返回地面。

卫星返回是异常复杂的技术，我国发射的卫星顺利地返回地面，使我国成为世界上第三个掌握回收技术的国家。

这次发射使用的“长征”2 号火箭是两级液体火箭，长约 32 米，最大直径 3.35 米，起飞推力约 2 750 千牛，能把 1.8 吨的有效载荷送入近地轨道。

从 1976 年开始，“长征”2 号已把 10 多颗返回式卫星送入太空，卫星完成任务后，按预定计划，顺利地返回地面。

中国通信卫星与“长征”3 号火箭

1984 年 4 月 8 日，在西昌火箭发射场，巍峨耸立的发射架上，一枚载着试验通信卫星的乳白色运载火箭——“长征”3 号，昂首挺立，在阳光下闪烁着耀眼的光芒。

夜幕降临了，巨型发射架上点点明灯像是挂满了夺目的明珠，同太空的群星交相辉映。万籁俱寂，发射架缓缓张开，一个重要的时刻即将到来。我国的试验通信卫星就要从这里起飞，冲出地球束缚，飞向太空。

19 时 20 分，“长征”3 号发出巨大轰鸣，拔地而起，直刺苍穹。卫星顺利地入轨，绕地球飞翔。中国第一颗静止卫星——试验通信卫星发射成功了。

“长征”3号是以“长征”2号为基础，加第三级组成的三级火箭。火箭全长44.56米，起飞重量202吨，起飞推力达2 750千牛，第三级氢氧发动机（以液氢和液氧为推进剂的发动机）在高空失重条件下两次启动。它能把1.4吨重的卫星送上地球静止轨道。

1990年4月7日，“长征”3号为香港卫星通信有限公司成功地发射了“亚洲”1号通信卫星。

一箭三星与“风暴”1号火箭

1981年9月20日5时28分40秒，一枚带着三颗卫星的运载火箭，从酒泉卫星发射场起飞，7秒后，火箭开始朝东南方向拐弯，3分后，火箭从人们的视野中消失。起飞后7分20秒，火箭携带的“实践”2号甲、“实践”2号乙卫星与运载火箭分离，又过了3秒，“实践”2号卫星也与运载火箭分离。“实践”2号卫星进入太空后，它的4块太阳电池帆板便展开，此时，很像停留在天空中的老鹰。卫星上的姿态控制系统使卫星逐步转向太阳，实现卫星对太阳定向。卫星顶面和4块帆板上的太阳电池在太阳光照射下，为卫星各系统供电。

我国首次一箭把三颗卫星顺利地送入太空，使我国一箭多星发射技术跨进了国际先进行列。

发射一箭多星的运载火箭叫“风暴”1号。它是两级液体运载火箭，全长32.6米，直径3.35米，起飞推力2 750千牛，起飞重量191吨，能把1.5吨重的卫星送入地球轨道。

9. 叩开天门——人造卫星的诞生

第二次世界大战以后，苏美纷纷在V－2的基础上发展自己的运载火箭和航天器。由于苏联在火箭研究方面投入了巨大的人力、物力，终于在苏美航天竞争中超过美国，于1957年10月4日成功地发射了世界上第一颗人造地球卫星“东方”1号。

人造地球卫星的发射成功，开创了人类航天的新纪元，具有划时代的意义。世界各国的报纸一连十几天都在重要版面报道了这一消息。

“东方”1号人造卫星呈球形，直径58厘米，重83.6千克，由铝合金制成。卫星安装了4根无线电发射机的柱形天线，其中两根长2.9米，另两根长2.4米。无线电设备和供电电池放在一个充满氮气的密封的球形容器中，由一个小型内扇驱动容器中的氮气，来保持设备和容器间的热交换。

“东方”1号卫星的轨道为椭圆形，近地点为215千米，远地点为947

千米，轨道倾角为96.2°。卫星绕地球一周需96分钟。

发射卫星的运载火箭全长29米，起飞重量267吨，起飞推力3 900牛，是当时世界上最大的运载火箭。

第一颗人造地球卫星存在了93个昼夜，围绕地球运行了近1 400圈。

仅一个月之后，1957年11月3日，苏联又发射了第二颗人造地球卫星。这颗人造卫星为锥形，重量多达508千克。它不仅携带了相当多的科学仪器，而且还带着一只名叫莱伊卡的小狗。

小狗在密封的圆柱形的生物舱内，身上连接着测量脉搏、呼吸、血压等机体状况的医学仪器。生物舱内安装有使舱内空气保持新鲜的空气再生装置、为小狗提供一日三餐的自动供食装置，以及处理小狗粪便的排泄装置。

在卫星的球形容器里除了生物舱外，还有两台无线电发射机、供电源、温度调节系统以及记录温度、气压和其他参数的仪器。在最后一级火箭上安装了两个研究宇宙射线的仪器和一个研究太阳紫外线与X射线谱段的仪器。时间程序装置周期地开动专门的无线电遥测设备，将卫星的全部测量数据发回地面。

由于当时的技术水平有限，这颗卫星无法回收。小狗在生物舱生活了一个星期之后，完成了实验任务，被迫服毒，为人类的科学事业而“光荣牺牲”。小狗莱伊卡的太空旅行，充分说明了生物可以平安地生活在人造飞船中。

美国在苏联人造卫星两次发射成功后不甘落后，加紧研制运载火箭，力争早日发射卫星。终于在1958年1月31日，美国成功地发射了一颗人造地球卫星——“探险者”1号。

“探险者”1号人造卫星的发射地点是美国的太平洋导弹发射场，采用的是“丘比特”运载火箭。卫星近地点为360千米，远地点为2 531千米。轨道倾角为33°。运载火箭的末级和卫星一起进入太空，总重量约14千克，卫星本身重量只有8.2千克。这颗人造卫星虽然很小，但它装有许多观测仪器。

美国这次人造卫星发射的领导者是第二次世界大战后从德国移居美国的著名火箭专家冯·布劳恩。

“探险者”1号的发射高度在2 000千米以上，超过苏联的“东方”1号。在这个高度上，辐射能急剧增加，因此“探险者”1号在研究辐射能方面作出了突出贡献。

1958年3月21日，美国又发射了“探险者”1号卫星，对辐射能进行了详细的研究，证实了在 2 000 ~4 000 千米的高空存在强大的辐射带。

继苏联、美国之后，法国是第三个独立发射人造卫星的国家。1965 年 11 月 26 日，法国在哈马圭尔发射场，用自己研制的“钻石”A 运载火箭，成功地发射了人造地球卫星“试验卫星”1 号。

“试验卫星”1 号是直径 50 厘米的双截头锥体，重量仅 42 千克。轨道的近地点为 526 千米，远地点为 1 809 千米，轨道倾角为 34°。“钻石”A 运载火箭全长 18. 7 米，直径 1. 4 米，起飞重量约 18 吨，是在探空火箭基础上研制而成的三级运载火箭。

第四个进入太空的国家是日本。日本的航天计划始于 20 世纪 60 年代中期，几经周折之后，终于在 1970 年 2 月 11 成功地发射了第一颗人造卫星“大隅”号。“大隅”号卫星是在日本的鹿尔岛靶场发射成功的，卫星与末级火箭共重 23 千克，而自身仅重 9. 4 千克。外观为环形，高 0. 45 米，卫星轨道的近地点为 339 千米，远地点为 5 138 千米，轨道倾角为 31°，是由日本自行研制的“兰达”4S 四级固体运载火箭发射的。起飞重量约 10 吨。

中国是第五个独立发射卫星的国家。1970 年 4 月 24 日，中国在西北部的酒泉卫星发射场用自己研制的“长征”1 号运载火箭把“东方红”1 号卫星送入太空。“东方红”1 号卫星是一个直径为 1 米的球形多面体，重 173 千克，比苏、美、法、日的第一颗人造卫星的总重量还重。卫星上面装有 4 根 3 米长的鞭形天线，壳体外蒙皮由铝合金制成，内分主仪器舱和辅舱。舱内装有播送《东方红》乐曲的乐音发生器和遥测、跟踪、能源等系统的仪器。卫星绕轴线稳定旋转。卫星轨道的近地点为 439 千米，远地点为 2 388 千米，轨道倾角为 68. 5°。卫星绕地球一周需 114 分，在运行过程中不断向全世界播送《东方红》乐曲。

10. 百舸争流——人造卫星的大家庭

随着航天事业的发展，人造卫星已成为一个种类繁多、用途广泛的大家庭。

通信卫星

通信卫星被发射到赤道上空 35 860 千米的高度，进入轨道后，以11 070 千米每小时的速度绕地球旋转，绕地球一周为 24 小时。由于卫星运行速度和地球自转速度相当，所以看起来仿佛是悬在赤道上空的一点上静止不动的，因此又叫做对地静止卫星。1958 年美国成功地发射了第一颗试验通信卫星，1965 年 4 月 6 日，美国成功地发射了国际通信卫星 I 号，从而使通信卫星正式进入实用阶段。我国于1984年成功地发射了静止通信卫星。通信卫星可以在大范围内迅速传播电视、电话、电报，传真图片等。如果3颗通信卫星在赤道上空均等定位并互相联系，就能实现全球通信。

1965年，一些国家的政府为了便于共同使用通信卫星，组成了国际通信卫星组织，我国于1977年正式加入该组织。

侦察卫星

侦察卫星素有“空间秘密哨兵”之称，自20世纪60年代出现以来，发展很快，成为卫星家庭中为数最多的一类，约占卫星总数的60%，它们主要用来获取军事情报。目前世界上的侦察卫星系统，主要包括拍摄对方地面战略目标的照相侦察卫星，侦察对方雷达、军用电台部署和性能的电子侦察卫星，监视舰艇活动的海洋监测卫星，以及核爆炸探测卫星、预警卫星等。

气象卫星

气象卫星起源于侦察卫星。在侦察卫星所拍摄的照片中，曾经碰到目标上空有云层覆盖的情况，这种照片对侦察造成困难，而无意中竟然给气象学家带来了宝贵的资料。

气象卫星专门进行气象观测。1960年美国发射第一颗气象卫星至今，全世界已发射了100多颗气象卫星。我国于1988年9月成功地发射了一颗气象卫星——“风云”1号。气象卫星运行于宇宙空间，从地球大气层外的不同高度鸟瞰大地，监视台风、强暴风、暴雨等灾害性天气的变化，定量观测大气中的温度、水汽、云层、降水和海洋温度等，起着空间气象站的作用。

气象卫星的主要优点是不受地理条件的影响，可以取得人迹罕至的海面、极地、高原、沙漠、森林等地区宝贵的气象资料。

导航卫星

导航卫星是一种能够帮助海上舰船辨明航向的卫星。由于人造卫星在轨道上作有规律的运动，它在空间的坐标可以随时标定出来，所以可将导航卫星作为地面上任何一点进行周期性观测的信标，来确定舰船的位置，实现全球导航。

美国的子午仪导航卫星系统，是美国海军为北极星导弹核潜艇在海洋航行中导航定位而研制的。美国于1959年9月发射了第一颗子午仪导航卫星。此后，世界各国发射了十几颗各种类型的导航卫星。

地球资源卫星

地球资源卫星是和人类生活联系最密切、在国民经济中应用最广泛的实用型卫星之一。它是在军事侦察卫星和气象卫星的基础上发展起来的，同时也应用了航空勘探的技术成果。它采用航空遥感技术，帮助人们寻找地下的丰富矿藏，调查森林、水文、耕地种植和农作物生长等情况。

1972年7月25日，美国发射了世界上第一颗地球资源卫星——“地球资源技术卫星”1号。

地球资源卫星勘测速度快，不受地理位置条件的限制，视野广阔，能周期性地提供动态变化资料，对资源的开发利用和国民经济的发展有重要的作用。

测地卫星

测地卫星主要用于测定地面点坐标、地球形状和地球引力场参数，作为地面观测设备的观测目标或定位基准，为洲际导弹的发射测定准确的目标位置等。20世纪60年代初，人们观测人造卫星的运动，推算出地球的扁率，又利用卫星测定观测站坐标，计算地球重力场，取得重大成果。

美、苏、法等国曾先后发射了测地卫星。

科学探测卫星

科学探测卫星主要是对近地空间环境和太阳进行研究，从而为各种应用卫星和军事卫星以及载人飞船等各种人造天体提供科学数据。

科学探测卫星研究的内容有地球磁场、地球辐射带、电离层、高层大气、紫外和红外辐射等。这些科学资料对于各类人造天体的设计、研制和发射都极为重要。

科学探测卫星的种类很多，数量很大。这些卫星按探测项目可划分为：地球磁场测量卫星、红外测量卫星、高能辐射探测卫星、太阳辐射探测卫星等。

11. 太空漫步——航天飞机

航天飞机是一种载人的太空飞行器，它最突出的优点在于可以反复使用，因此是空间技术发展进程中的一个突破。它为人类探索宇宙、开发太空领域提供了经济实用的工具，所以航天飞机的发明被看成人类通向宇宙之路的又一里程碑。

在航天飞机诞生之前，人类探索太空的工具，不论是人造卫星、登月飞船，还是随后的太空实验室，都是通过发射一个又一个功率巨大的运载火箭来把它们送上太空的。运载火箭是使卫星和飞船进入预定轨道运行的主要运输工具。

研究、设计和制造这样的运载火箭需要耗费大量的人力、物力和财力，这种代价高昂的运载火箭只能使用一次，每发射一次卫星或飞船都要制造一个甚至几个运载火箭。1969 年，美国发射的第一次把人送上月球的“土星”5 号运载火箭和阿波罗登月飞船，起飞总重量为 2 800 多吨，但除了约 5 吨重的登月指令舱外，全部器件只使用一次就丢弃在宇宙空间。正因为如此，美国的“阿波罗计划”到 1972 年 12 月 19 日，“阿波罗”17 号宇宙飞船运载 3 名宇航员登月归来以后，就此告一段落。

不过，有很多宇航方面的专家不肯罢休，他们始终认为探索宇宙，能为人类带来无法估量的好处。所以，仍然有人造卫星不断飞上天空。美国宇航局的科学家还利用“阿波罗计划”中已造好而没有来得及利用的“土星”5 号火箭，成功地发射了太空实验室。然而，由此也带来了麻烦：施放到太空围绕地球运转的人造卫星并不能保证百分之百地投入使用，有时由于仪器设备发生了意料不到的故障，导致整个卫星失效。像这种局部损坏，只需稍加修理就能正常工作的人造卫星为数不少。它们不能发挥作用，只是绕着地球一圈又一圈地转，变成了太空的“流浪汉”；如果碰巧遇上了正在正常飞行的人造卫星，还会引起碰撞，那时它们就是十足的“闯祸坯”了。而比人造卫星更复杂、高级、造价更高的太空实验室，一旦它贮存的食物、氧气、实验物品用完，无法得到补充，结果也逃脱不了被丢弃的命运。它和失效的人造卫星一样，白白占据了地球上空目前已经显得很“拥挤”的运转轨道的位置。

当然，也可以另外派一艘宇宙飞船到轨道上去给实验室送货上门，但每次要动用一枚只能用一次、价格昂贵的运载火箭，花费真是太大了！

这种被动局面严重地阻碍了宇宙航行事业的蓬勃发展。因此，研究一种可以重复使用的工具，以便大大降低宇宙航行的成本，就成了人们发展宇宙航行事业的迫切需要。

这种未来的运载工具应该具备什么特点呢？各方面的专家为当时还没有出生的“胎儿”勾勒了一副大致的“面貌”：

它必须可以重复使用，在完成了各项任务以后，能像普通飞机一样飞回来在常规机场跑道上平稳降落。

它必须能携带各种各样的人员，包括没有受过专门飞行训练的普通人。

它必须有较宽大的货舱，可以容纳各种各样的物品，而随机的科学家只需通过短距离的通道就能够进入货舱，进行各项理化实验。

它能随时改变自身的运行轨道，跟正在绕地球运转的各种人造卫星、太空实验室靠拢甚至对接，从而对那些已有故障的人造卫星进行修理保养，为太空实验室运送物资，担负太空紧急救援任务。

它必须能施放和回收各种人造卫星，或者作为一个中间站，供飞往其他星球的宇宙飞船起落逗留。

一句话，它是一种具有运载火箭性质、来回于太空与地球之间、像飞机一样的宇宙运输工具，它的名称就叫"航天飞机"。

美国是最早研究航天飞机各种可行方案的国家。从1969年停止"阿波罗计划"以后，美国政府就立即集中5万名高级技术人员，花了差不多10年时间和将近100亿美元的研制费用，终于把一张张蓝图上的东西变成了一架真正的航天飞机。

1981年4月12日7时，在美国佛罗里达州的卡纳维拉尔角肯尼迪空间中心第39号发射台上，起飞了世界第一架航天飞机——"哥伦比亚"号。从此，宇宙航行的新纪元开始了。"哥伦比亚"号在一片欢呼声中徐徐上升，进入太空，在轨道上遨游了54小时后，安全返回地面。至1991年止，有5架航天飞机曾在太空遨游，其中美国有4架，苏联有1架。

航天飞机为人类自由进出太空提供了很好的工具，是航天史上的一个重要里程碑。

航天飞机是往返于地球表面和近地轨道之间、运送有效载荷（如卫星、物品等）的飞行器，可以重复使用。

航天飞机设计成用火箭推进的飞机，它发射时像火箭那样垂直起飞，返回地面时能像滑翔机或飞机那样下滑和着陆。航天飞机集中了许多现代科学技术成果，是火箭、航天器和航空技术的综合产物。它的特点是可以多次使用，发射成本较低，用途广泛。

"哥伦比亚"号航天飞机由1个轨道器、1个外贮箱和2个固体火箭助推器组成。

轨道器是航天飞机最复杂的部分，外形是一个三角翼滑翔机，长约37米，高17.3米，翼展24米，它的货舱能把29.5吨重的有效载荷送上地球轨道，并能把15吨重的有效载荷带回地面。它可乘坐3~7名航天员，在轨道上连续飞行7~30天。

外贮箱是航天飞机最大的部件，也是唯一不可回收的部件，用于贮存航天飞机的燃料——液氢和液氧，并向发动机输送燃料。它长47.1米，直径

8.38米，装满燃料后重约740吨。

固体火箭助推器内装固体燃料，为航天飞机垂直起飞和飞出大气层提供约78%的动力。它长45.5米，直径3.7米，重约566吨，使用寿命为20次。从1981年4月~1991年4月，航天飞机在太空中飞行了40次，完成了许多科学实验和研究项目，也执行了多次军事飞行任务，取得了许多重大科学技术成果，获得巨大的经济效益。

12. 用途广泛——航天飞机的功能和作用

从航天飞机上发射卫星

大家知道，航天飞机是用途广泛的航天器，此外，它还是一种理想的太空发射基地。利用航天飞机，宇航员可以把卫星发射到地球同步轨道，或把宇宙探测器送到遥远的星际空间。从航天飞机上发射卫星，那好比把地面的卫星发射场搬到离地面几百千米高的太空。

航天飞机的主要发射设施是旋转式垂直发射架，发射架设有支撑卫星及末级火箭的托架，摇篮似的托架固定在航天飞机的货舱内。

航天飞机进入太空后，地面测控人员开始测定航天飞机状态，使它保持有利于发射卫星的状态。在弹射前20分，根据预定的程序，打开蛤壳式的白色遮阳罩，这时从电视上可以看到一个待发卫星，像婴儿一样静静地“躺”在“摇篮”里。地面控制人员根据卫星状态确定是否可以进行弹射。

弹射前3分，航天飞机的通用计算机开始对卫星的末级火箭的程序装置发指令，通知它开始执行预定的程序，启动末级火箭的定时器等。

在弹射前5秒，末级火箭的电子设备使卫星处于待发状态。当倒计时达到零时，航天飞机上的计算机发出指令，自动松开夹紧装置，这时呆在“摇篮”里的卫星及末级火箭在弹簧机构的弹力作用下，以约1万米每秒的速度从货舱弹射出去，并借助弹射时获得的动能开始在太空滑行。然后点燃末级火箭的发动机，使卫星从几百千米的圆轨道进入一条近地点约为300千米、远地点为35 860千米的大椭圆转移轨道，卫星与末级火箭离开。卫星靠本身携带的远地点发动机，进入35 860千米的圆形地球同步轨道。至此，航天飞机发射卫星的任务就顺利完成了。

航天飞机抓“俘虏”

1983年6月18日，“挑战者”号航天飞机第二次飞行。在太空施放和收回前西德卫星是这次飞行的重要任务之一。“挑战者”号圆满地完成了这一使命，从而为将来修理在轨道中的卫星或为某些卫星补充燃料打下基础。

在太空飞行中，“挑战者”号上由加拿大研制的15米长的机械臂，从货舱里抓住前西德卫星，把它从舱里举出来。这颗15吨的卫星，形状像个箱子，被释放到空中自由运行。“挑战者”号向下漂动，飞到卫星前面300米距离，然后逼近卫星，把卫星抓住。1小时后，这颗卫星再次被放到太空，开始转动，而“挑战者”号后撤几十米，然后再把卫星抓住，送回货舱。这两次景象壮观的编队飞行，使人们惊叹不已。

“挑战者”号在浩瀚的太空是怎样抓捕卫星的呢？航天飞机在太空运行时处于失重状态，释放卫星是很容易的，只要把卫星举起来，然后松开机械臂，卫星就“自由”了。如果卫星没有动力，而航天飞机也不作机动飞行，卫星与航天飞机在太空运行的相对位置不变，这种飞行状态，就形成航天飞机与卫星的编队飞行。这时航天飞机是随时可以轻而易举抓住卫星的。

如果卫星带动力，即自身带发动机，就可以随时点火，推动卫星运动（这种运动就叫机动飞行）。在失重状态下，只要发动机产生很小的力，就可以做小小的机动飞行。当卫星作机动飞行（可以改变轨道高度或改变轨道平面）时，它与航天飞机的相对位置就拉开了，也许一个在“上”面，一个在“下”面，或两者不在一个轨道平面（卫星运行轨道所构成的平面，称“卫星轨道平面”）内。对付这种“耍花招”的目标——卫星，航天飞机就要付出一点代价。它用轨道交会雷达先搜索、跟踪目标，根据目标位置，航天飞机开动发动机，似警车追捕罪犯汽车那样，加速向目标追去，追捕中根据目标位置，或改变轨道平面，或提高或降低轨道高度，逼近目标，最后把目标抓住。

航天飞机首次在太空释放和收回卫星成功说明，为了营救、修理或使损坏的卫星恢复工作，航天飞机可以把它们从浩瀚的太空中抓来，带回地面，使它们“死而复活”。

在未来空间战中，航天飞机除带武器参战外，它灵巧的机械臂还可以把敌方的“间谍”——侦察卫星抓来，带回地面“审讯”，因此，不能忽视航天飞机的军事用途。

太空修理卫星

自1957年苏联发射世界上第一颗人造卫星以来，各国已向太空发射了数千颗人造卫星，然而“病”者甚多。1984年世界上第一个为卫星“治病”的“医生”出现了，它就是“挑战者”号航天飞机。

1984年4月6日，“挑战者”号航天飞机载着5名机组人员从美国卡纳维拉尔角腾空而起，奉命修复“太阳活动峰年观测卫星”。这颗卫星是1980

年发射的，用于在太阳活动峰年测定太阳耀斑数据，仅使用 9 个月，就“卧床”休息，不能正常工作了。

起飞 45 分钟后，“挑战者”号航天飞机就飞达与“太阳活动峰年观测卫星”相接近的高度。4 月 8 日，航天飞机驶至距卫星 60 米处，并逐渐接近至 12 米处，宇航员纳尔逊带一具捕捉装置离开航天飞机作太空行走，由于捕捉装置难以咬紧卫星突起部分，捕捉未能成功。接着宇航员哈特操纵长达 15 米的机械臂去抓卫星，尝试 4 次均未奏效。4 月 10 日，当卫星处于良好状态时，宇航员操纵着长长的机械臂，慢慢插入卫星两块太阳帆板之间，终于逮住了卫星，并将其固定在航天飞机舱内的修理台上。4 月 11 日，宇航员纳尔逊和霍夫坦手持价值 100 万美元的电扳手、动力改锥、剪刀等修理工具，更换了两个已损坏的组件，把卫星修理好了。整个修理持续了 3 小时 20 分，比原计划提前两个多小时。4 月 13 日，“挑战者”号航天飞机完成了它的使命，顺利地返回地面。

“挑战者”号航天飞机在太空捕捉和修理卫星成功，不仅具有较高的经济价值，而且还具有重要的军事意义。

13. 浪漫故事——航天飞机上的奇迹

第一个女宇航员

1983 年 6 月 18 日，美国“挑战者”号航天飞机第二次从佛罗里达州的肯尼迪航天中心发射上天，绕地球飞行 98 圈后，于 6 月 24 日在加利福尼亚州的沙漠里顺利降落。莎莉·赖德就是世界上第一位乘坐航天飞机的女宇航员。

莎莉·赖德身高 1.67 米，出生于加利福尼亚州洛杉矶郊外的恩雷诺。她自幼爱好体育，曾获国家级运动员称号。1973 年在斯坦福大学获物理和英语两项硕士学位，后来又获天体物理学博士学位。1977 年她在斯坦福大学学报上看到国家航空和航天局招收宇航员的广告，就报了名。结果非常幸运，她被选中了。

在为期 6 天的航天生活中，莎莉·赖德出色地完成了任务。“挑战者”号航天飞机在这次航行中创造了航天史上 7 项第一，其中与莎莉·赖德有关的就有 4 项。她自豪地说：“我参加宇宙航行的目的不是为了名利，而是为了航天事业。”

华人宇航员王赣骏

1985 年 4 月 29 日，“挑战者”航天飞机进入太空，开始了 7 天的太空飞行。这次飞行中，美籍华人宇航员王赣骏做了一项太空科学实验。他是第一位遨游太空的华人。

王赣骏祖籍江苏盐城，1940 年 6 月 16 日生于江西南昌，童年在上海度过。10 岁随家迁往台湾，1963 年获物理学博士学位，1972 年在美国国家航空和航天局下属的喷气推进实验室工作。

1976 年，王赣骏提出“失重条件下液滴状态研究”的太空实验课题，不久，这个课题被选为航天飞机上的科学实验项目。1984 年，王赣骏被选定为参加太空科学实验的科学家，并负责自己提出的“失重条件下液滴状态研究”课题的实验工作。这样，王赣骏成为世界上第一个登上航天飞机操作自己设计实验的科学家。

失重条件下液滴状态研究实验是怎么进行的呢？王赣骏花了多年时间，为太空实验进行了紧张的地面准备工作。在航天飞机上，他放了一个空箱子，从箱子的一边伸进一根细管，让液滴从这个管子的口中“吐”出，吐出时液滴的大小可以调节。从箱子的四壁发出声波来驱动漂浮在空箱中的液滴，由摄像机和电子计算机记录下液滴形状的变化和运动情况。宇航员也可透过箱子的玻璃口观察液滴的变形与运动。

实验由王赣骏亲自操作。在失重情况下操作实验是不容易的事，因为拿在手中的工具无论大小都没有重量，手的动作幅度掌握不住，手边的工具不小心一碰，就会飞得无影无踪。飞行一开始，液滴实验设备就发生故障。王赣骏紧急抢修，1 天工作 15 小时，花了 2 天时间才修好，终于成功地进行了这项实验研究，取得了大量宝贵的资料。

王赣骏在太空所做的实验，即在失重状态下的流动力学研究，不仅对研究液体在失重条件下的变形和运动具有理论意义，而且为在失重条件下悬浮冶炼技术奠定实验基础，同时对无重力无容器情况下的物质加工也有重要的应用价值。

妈妈宇航员安娜

1984 年 11 月 7 日，一位当母亲不久的宇航员，乘航天飞机在太空遨游了 8 天。这位女宇航员就是安娜·费希尔。

安娜是美国宇航局 1978 年选中的 6 名女宇航员之一（她们是麦加勒脱、凯思林、朱迪恩、莎莉、季农和安娜）。她原是个医生，当时和丈夫维力亚姆·费希尔在一所医院刚刚结束学习。宇航局找安娜谈话时，年轻的夫妇正在度蜜月。

安娜小时候喜欢读宇宙航行之类的书，她 12 岁时曾说过：“等我长大了，那时有了航天站，在那里工作该多有意思啊！”

1978年，他们夫妻同时向宇航局提出当宇航员的申请。经过多次测验，安娜首先被录取了，比她的丈夫维力亚姆早了两年。

紧张的宇航员生活开始了，他们要学习物理学、气象学，学习驾驶各种飞机……在6年的训练中，她决定要个小孩，因为她已35岁，维力亚姆38岁了。

怀孕的头5个月里，除了丈夫没人知道此事，因为安娜不愿放弃飞行训练。那时，她正在佛罗里达州的肯尼迪航天中心集训。她担负的任务中，有一项是如何在发生意外的情况下，对宇航员实施急救。在她之前，女宇航员从来不从事这一工作，原因是男宇航员身高、体重和体力都大大超过女宇航员。安娜接受这项任务时想：我要向人们展示，一个妇女是怎样从座舱里把那些大块头男人拖出来的。

训练开始了，安娜先从指令长位置上拖出一个宇航员，然后从驾驶员座位上拖走另一个……

当安娜的小女儿1岁时，她与另外4名男宇航员乘航天飞机进入太空。

安娜，一位出色的妈妈宇航员。

震惊世界的航天事故

1986年1月28日上午，“挑战者”号航天飞机乘载7名宇航员准备起飞。他们是载荷专家、休斯公司工程师、41岁的格雷戈里·贾维斯；第一位太空教师、37岁的克里斯塔·麦考利夫；职业宇航员、飞行任务专家、35岁的罗纳德·麦克奈尔；美籍日裔职业宇航员、飞行任务专家、39岁的埃利森·鬼冢；职业女宇航员、飞行任务专家、36岁的朱迪恩·雷斯尼克；职业宇航员、机长、46岁的弗朗西斯·斯科比；职业宇航员、驾驶员、40岁的迈克尔·史密斯。

11时38分，“挑战者”号从卡纳维拉尔角腾空而起，发射场看台上欢声雷动，世界上第一位太空女教师麦考利夫所在学校的礼堂里鼓乐齐鸣。

突然，碧空传来一阵巨响，航天飞机与地面的无线电联系中断，“挑战者”号在数秒钟内化成一团火球，从火球的浓烟中散射出的无数碎片像流星雨一样散落在大西洋海面。

在发射场观看的数千名观众和地面操作人员，以及在荧光屏前观看发射实况的电视观众都惊呆了。没有一个人愿意相信眼前发生的这一可怕情景是事实，但又不得不承认，“挑战者”号失事了！

“挑战者”号升空约73秒爆炸，7名宇航员全部遇难的消息闪电般地传遍全球，世界各国数以亿计的人收看了这一事件的实况录像，这一特大新闻轰动全球。

爆炸是怎样引起的呢？调查人员在研究录像和照片时发现，起飞后不久，挂在外燃料箱上的一枚固体助推火箭的密封装置破裂，引起燃料箱发生爆炸。这是航天史上最大的事故。

“挑战者”号爆炸并未影响航天事业的发展，它激励人们继续前进，在总结经验的基础上，以新的步伐发展航天事业。

14. 别有情趣——宇航员的太空故事

奇妙的太空睡眠

睡眠是人生命活动中的重要组成部分，人在一生中有将近三分之一的时间在睡眠。在太空失重环境中，宇航员不能躺在床上睡觉，因为身体会自动飘浮起来。人必须钻进睡袋并固定在航天器的舱壁上。由于太空中没有上下前后左右之分，宇航员站着睡、躺着睡，还是倒着睡都一样。在太空睡眠，多数宇航员觉得身体稍微蜷曲成弓状，比完全伸直或平躺着要舒服得多。手臂可以放在睡袋内，也可以伸出外面，任其自由，不过多数宇航员不愿意让自己的手臂自由飘动，所以多放进睡袋里。

飘浮在半空中睡眠是别有情趣的事。有的宇航员愿意领略一下这种滋味，他们用绳子将睡袋的一端吊挂在舱壁上，让睡袋在半空中飘来飘去。有的宇航员不喜欢这种睡眠方式，因为当航天飞机或其他航天器的姿态控制发动机（用于控制航天器姿态的发动机）开动时，睡袋如果挂在半空中，就会与舱壁相碰撞。大多数宇航员喜欢将睡袋紧贴着舱壁睡觉，这样就会使人感到像睡在床上一样。采用这种睡眠方式，后背可以伸直，有利于预防腰背痛。

欧洲航天局设计出一种新式睡袋：在袋的外面有一些管道，当管道充气时，睡袋被拉紧，从而向人体施加一定压力。这种压力可以使人感到像在地面睡眠一样舒适，可以消除那种飘飘忽忽的自由下落感。

太空淋浴

苏联“礼炮”号航天站，1982 年有为宇航员创造了连续生活工作 211 天的纪录，1984 年又创造了续航时间 237 天的纪录。苏联另一艘航天站——“和平”号航天站，1988 年宇航员创下了续航 366 天的世界纪录。人在太空中长期生活和在地面上一样，也需要定期洗澡。在地面，淋浴只不过是日常生活中的一件小事，可到了太空就非同小可了，完全可以算得上一种高贵的享受。如果用价值计算，将一套淋浴设备送上太空，再使用比银子还昂贵的水，那么一次淋浴的费用恐怕要比世界上最豪华的浴池还要高得多。

在“礼炮”号航天站上，规定宇航员每10天洗一次澡。航天站里的洗澡间像一个手风琴式的密闭塑料布套，它被挂在顶棚上，使用时将它放下，不用时可叠起来吊在顶棚上。顶棚上固定着一个圆形水箱，里面有喷头和电加热器。水箱内装5升水。浴室的地板上有许多小孔，下面是废物集装箱，用于装废物和污水。上面压水，下面抽水，就形成了从上往下的水流效果。地板上还有一双固定的橡皮拖鞋，宇航员穿上拖鞋，人就不会飘浮起来。浴室放下后，形成真空环境。在失重状态下，水是危险品，少量的水也会呛伤人，甚至溺死人，为了安全，宇航员通过管子进行呼吸。

宇航员洗澡时，首先把通到浴室外的呼吸管套到嘴上（戴上呼吸罩），戴上护目镜，避免从鼻子和嘴吸进污水；接着，开动电加热器，把水箱中的水加热到适当的温度；然后，打开水喷头，加压的温水从上面喷下来浇到身上，这时正像在地面上淋浴一样。

洗用过的污水从室内地板上的小孔中排到废物集装箱里。由于失重，污水会飘浮起来。因此，地板上的小孔靠吸收装置把污水吸入小孔抽走。

苏联宇航员在“礼炮”号和“和平”号航天站里长期生活和工作，他们亲身体验在太空失重环境里洗澡的乐趣。随着航天事业的发展，航天站里将会出现更完善的太空浴室。

太空吃饭趣事

在地面吃饭可以很随便，也可以很讲究。但在失重的太空，吃饭不但非常讲究，而且要非常注意，否则食物碎块很可能把宇航员呛死。

20世纪60年代载人航天的初期，人们认为在太空不能吃固体食物，因此宇航员主要食用铝管包装的肉糜、果酱类膏糊状食物。宇航员进餐时，用手挤管壁，通过进食管将食物直接送入口中。这类食品在失重状态下使用简便可靠，也容易保存。宇航员穿着加压的航天服时，仍可以通过头盔进食孔进食。这种吃法，由于既看不见食物，又闻不到味道，往往使宇航员的食欲不佳。

经过若干次的飞行试验后，人们知道在太空失重状态下，也可以吃像方块糖那样大小的块状食品。于是宇航员开始食用一口一块的小块食品。经过一段实验，科学家又为宇航员研制了脱水复水食品。这种食品是用冷冻升华法生产的，它不仅复水性能好，而且形状和风味更接近于地面普通膳食，能满足宇航员的口味要求。在“阿波罗”登月飞行中，宇航员开始使用软包装罐头食品，吃起来也比较方便，宇航员都喜爱这种食品。

目前航天飞机上的食品达百余种，饮料 20 多种，既有脱水复水食品，也有软包装食品，还有小块食品，五花八门，各式各样。宇航员每天 3 顿饭的菜单都不同，每周轮换一次，可以选择自己喜爱的食品，如美籍华人王赣骏博士，在 1985 年 4 月 29 日至 5 月 6 日乘“挑战者”号航天飞机时，他的菜单就有一道他爱吃的“王太太炒羊肉”。

宇航员的食品尽管种类繁多，但它们一般都要求重量轻，体积小；不会因航天器发射时的震动而散开，碎末不会飞散；能在太空失重状态下进食；脱水食品在恢复正常的含水量后，仍能保持原来的色、香、味；能切成块状或制成粉状，以便定量包装等。

太空手术室

在地面对病人进行手术是常见的事，在太空失重环境里，太空医生又如何为病人做手术呢？

过去，由于宇宙飞船或航天飞机遨游太空一次只有几天，似乎没有必要考虑太空中的手术治疗问题。但是随着航天事业的发展，长期的太空实验室、航天站、月球基地将相继建立，人类居住火星的计划也在拟定中，宇航员在太空生活、工作的时间越来越长，由几天增加到几百天，甚至更长。航天站和月球基地将是人类永久居住的“天堂”。人久住“天堂”免不了生病，需要手术治疗，但在“天堂”里又不能及时送回地面，故需要解决失重环境下快速止血和组织缝合等外科手术等医疗问题。

苏联科学家已在抛物线飞行的飞机上，使用一种特制的透明容器，对兔子施行局部麻醉，然后进行开腹手术试验，初步证明可以在失重环境下进行外科手术。在太空航天站里，由于容积的局限及人在太空时免疫反应降低，因此需要设置外科手术舱。这种手术舱有一套新型精巧的轻便外科手术器械及手术手套等用具。

经过研究人员的努力，目前已研制了一种用于失重环境的可扩展的小型外科手术舱。它设有袖套式止血带和注射器、无菌手套、手术器械袋等。这种手术舱可以根据手术的需要，随时改动和扩展。倘若宇航员一只手臂受伤，可先将伤臂伸入止血袖套止血，给手术舱充气，然后医生将双手插入手术套用手术器械进行手术。

太空手术舱的诞生，将消除宇航员及其家属们的后顾之忧。当然，目前刚刚研制出样品，但不久的将来，航天器内将设置完善的手术舱。

失重趣谈

人在失重环境中感觉如何？这是非常有趣的话题。下面是部分宇航员在太空的点滴趣事。

○在太空的第一夜，当我飘游去睡觉时，突然产生了忘记自己手脚所在位置的感觉，尽管心里明白，但手脚不知去向。后来有意识地控制手和脚的运动，才感觉到手脚的存在。

○在太空吞咽毫无问题，但不能咽下混在饮食中的气泡。因为咽下空气会引起胃发胀，而且不能用打嗝来解除。打嗝在失重状态下是做不得的，除非你冒反胃的危险，因为吃的和喝的东西充满胃的各个部分。

○在太空中，指甲长得比地面慢，不必一周修剪一次，而是一个月左右一次。

○在航天站里生活久了，有时感觉到好像是在高层建筑的凉台上站着，自己一动也不动。地球和其他星体都在运动。

○我不害怕从高空中掉下来（人飘浮着掉不下来），而是害怕从航天站里飘出去消失在太空中，有一种害怕“消失”的恐惧感。

○我用一根长绳的一头将身体绑住，另一头固定在舱壁上，然后使劲一推舱壁，我向前飘浮过去。当绳子绷紧时，我又边旋转边慢慢向出发点飘游回来。无论我怎么晃动，也无法停止旋转和飘游，我请另一名宇航员拉拉绳子，旋转稍停后又慢慢地反向旋转起来，真逗趣。

○在航天站里，我突出的感觉是思路敏捷了，许多复杂的问题都可迎刃而解，好像智商提高了不少，聪明多了……

神奇的太空摩托艇

太空（也称“宇宙空间”）是失重环境，人在失重环境中行走与地面行走有何不同呢？在苏联宇航员列昂诺夫和美国宇航员怀特系安全带第一次离开座舱到太空行走之前，人们曾认为太空行走是非常容易的，随意飘动，毫不费力，十分有趣。实际上并非如此，因为失重使物体之间缺乏摩擦力。而在没有摩擦阻力的情况下，宇航员的行动和工作都十分困难，甚至难于将一件物体放置在一个固定的位置上。在失重的太空，宇航员稍稍行动一下，就很快疲惫不堪了。

为了能让宇航员在太空自由行走，科学家研制了一种专供宇航员在太空行走的机械装置，人们叫它太空摩托艇，亦称载人机动装置，或称喷气背包。它的外形像一把有扶手和踏板的坐椅，通过它就可以操纵坐在坐椅上的人前后、左右、上下方向运动，也能滚动、俯仰和偏航方向运动。太空摩托艇高约 1.25 米，宽为 0.83 米，总重 150 千克，由两套压缩气箱和电池组构成，箱内存贮液态氮气 12 千克，作为推动人体运动的能源。每套箱有 12 个喷嘴（推进喷管），每个喷嘴能产生约 7 牛的推力。这些喷嘴就是一个小发动机，当某一个喷嘴的阀门打开时，氮气就从喷嘴喷出，从而产生推动宇航员运动的动力。在太空中机动行走的速度，最高为 64 千米每小时，最低为 0.5 千米每小时。宇航员控制太空摩托艇上各个不同位置上的喷嘴，就能按需要的方向运动了。

1984 年 2 月，美国“挑战者”号航天飞机在太空飞行时，两名宇航员先后离开航天飞机座舱，首次小心翼翼地解开与航天飞机相连接的安全带（救生索），驾驶太空摩托艇，以 15 厘米每秒的速度进入太空，把自己推开到离航天飞机约 100 米远的太空，成了与航天飞机一样高速（约每秒 7.8 千米）绕地球运行的人体地球卫星，成为在太空自由飞翔的第一批人。这两名宇航员分别在太空遨游了两个多小时。

人自由在太空飞翔是一个创举，具有重要的经济、军事意义。从此宇航员能够在不系安全带的状态下，回收失灵卫星，修理飞行中的卫星，检修和建造航天站，也可以做各种科学实验及军事侦察活动。

探索太空的衣服——航天服

为了保障宇航员能完全脱离飞船，在太空或月面独立生活，并适应恶劣的环境，美国宇航局花费 1 亿美元，经历 5 年之久的研制，生产出 43 套航天服，每套价值 230 万美元，是迄今为止世界上最昂贵的服装。

航天服实际上是一个小型的“密封舱”，共分 4 层，每层的功能各异。由里向外数，最里面贴身的一层称为通风与液冷层，起“冷却器”和排除人体余热通风的作用，防止受太阳光的照射而过热，使人体保持舒适。第二层为密封层，装有供宇航员呼吸的空气，并可防止太空温度骤变的影响。第三层为增压层，它可保持航天服里的空气压力与地球大气压力相等。最外面的一层为护衬层，表面涂有闪光物质，可反射阳光中的热辐射，防止微流尘对人体的危害。此外，在航天服上还有一根细软管与背包式生命保障系统连接，以便从中不断更换新鲜空气。全套服装加上生命保障系统，重约 83 千克，穿这套服装，可保证宇航员在太空或月球表面停留 8～9 小时。为了使航天服能确保宇航员的身体不受伤害，在使用前都进行了多次动物试验，让身穿航天服的狗、兔、猴等动物经受火箭起飞的超重、再入大气层和失重等严酷考验。经过多次试验和改进，最后制成了适合宇航员穿用的航天服。

15. 伟大壮举——“登月计划”

1969 年 7 月 16 日是人类历史上不平凡的一天。

4 时 15 分，“阿波罗” 11 号的 3 名宇航员被唤醒了，起床后医生立刻为他们查身体。5 时整，宇航员在宇航综合大楼用过早餐，半小时后由技术人员为他们穿上了盔甲式的航天服。接着宇航员坐车直达 39 号 A 发射台，到达发射台的时间是 6 时 40 分。在做过最后一次检查后，宇航员乘电梯上升到 100 米高处，跨过接连横桥进入飞船的宇宙舱。7 时 30 分，工程师们关闭了指令舱入口，并细心检查了舱门的密封情况。到此为止，离正式发射时间还有 2 小时 2 分。

等待发射的，不只是飞船内的宇航员和在发射场的 3 000 多名工作人员，还有守候在发射场内和发射场四周以及在附近海滩船只上的总共约 100 万名观众。其中有专门被邀请来观看发射的贵宾，有美国的全部国会议员，近百名外国使节，还有专程从各国赶来的从事航天技术工作的科学家、专家、以及更多的普通观众。宇航发射中心附近的 45 个饭店和 25 个简易旅馆都住满了客人。正式发射前 6 小时，记者席已座无虚席，各种通信摄影装置已摆好阵式。此外还有亿万电视观众守候在电视机旁，等待那伟大时刻的到来。

发射前 5 分，控制中心发出起飞信号。

发射前 3 分 10 秒，全自动发射程序开关系统开始工作，火箭燃料罐内的压力缓缓上升。

还有 45 秒，奥尔德林打开了开关板上的磁带飞行记录仪。

倒数计时开始。

9 秒，正式点火。

7 秒，第 1 级火箭发动机喷出红色火焰。

4 秒，全部发动机工作，喷出的火焰由通红变成橘黄色。

这时，离发射台不远处的一个小槽内的几十个高压喷嘴开始向发射台和台下面的钢甲板猛烈浇灌冷却水，近 3 000 摄氏度的高温立刻使水变成一大片雾腾腾的蒸汽，这对发射台能起到保护作用。

倒计数的时间减到零，正是美国东部时间上午 9 时 32 分，飞船指令长和控制中心同时发出一声震撼人心的口令：“起飞!”在如火山爆发的滚滚浓烟中，“土星” 5 号火箭腾空升起，拖着 500 多米长的火焰离开发射架，火焰成为一个外红内白的火球直向蓝天飞去。

这时，位于得克萨斯州的休斯敦航天中心的监控室内，人们正全神贯注地监视着屏幕。

2 分 42 秒，第 2 级火箭的 5 台发动机点火工作，第一级火箭被扔掉，此时飞船的速度为 2.7 千米每秒。

3 分 17 秒，救生火箭被甩掉。

9 分 11 秒，第 2 级火箭燃料燃尽被扔掉，飞船飞行速度达到 6.8 千米每秒。

第 3 级火箭的发动机可以多次启动，用以调整宇宙飞船的飞行方向，准备进入轨道。发射后 9 分 5 秒，它被启动喷射了 2 分 35 秒，使宇宙飞船以 7.67 千米每秒的速度，准确地进入了环绕地球的轨道，并在这个轨道下环绕地球飞行两个半小时，在这段时间内调准角度和位置，从人造卫星的轨道上再次发射并向月球进发。在距第一次发射后的 2 小时 44 分，“阿波罗”飞船已经绕地球转了约 1 周半，宇航员们开始忙碌起来。他们仔细检查了所有设备。第 3 级火箭开始工作了，宇宙飞船的速度增加到每秒 10.5 千米，7 月 16 日 12 时 22 分，“阿波罗”11 号终于挣出了地球这个摇篮，按预定计划进入奔月轨道。

路途是遥远的，地球与月球相距 38 万千米，“阿波罗”11 号绕着椭圆形的轨道向月球奔去，要飞行 3 个昼夜才能到达目的地。发射后 3 小时 16 分，按照休斯敦的命令，“阿波罗”11 号与“土星”5 号第 3 级火箭分离，登月舱在第 3 级火箭上，这是为了把登月舱调换到前面去。柯林斯操纵着，用 9 分钟的时间慢慢地使飞船与登月舱对接成功，宇航员们又卸下登月舱和指挥舱之间的封闭板，接好电源电缆，使两部分连成一个整体。

宇宙飞船发射后 4 小时 10 分，第 3 级火箭完成使命，彻底和飞船脱离。这样，登月舱就在飞船的前面。登月舱的后面是指挥舱和服务舱。服务舱内装有发动机，宇航员们返回地球时要靠这台发动机。

进入奔月轨道 6 小时后，“阿波罗”11 号飞船已经离开地球 8 万千米，飞船开始自转飞行，它一面沿着宇宙轨道进发，一面以每小时 3 周的速度缓缓自转，自转的目的是使飞船的各部分都能均匀承受太阳的热量。因为远离地球的太空是真空的，向阳的一面温度很高，而背阳的一面又温度极低，如不自转，飞船的外壳就会由于巨大的温差热胀冷缩而受到破坏。每当向阳时，强烈的阳光透过窗户照进舱来，舱内一片明亮，当背阳时，舱内就漆黑一团，似乎在每一个小时内都要经历 3 次日出和日落。

按飞行计划规定，从发射开始的当天 23 时 5 分，也就是飞船发射后的

13 小时 33 分，是宇航员们“第一夜”就寝的时间。由于飞行顺利，宇航员们的精神格外振奋，他们毫无睡意，但还是按时就寝了，一个个爬进了睡袋，当然这个睡袋是固定在舱内的。

第 2 天 10 时 37 分，“阿波罗”11 号越过了地球与月球轨道的中心线。由于地球引力越来越小，月球引力越来越大，飞船的实际轨道和速度与原计划的轨道和速度会有微小的偏差，所以要通过火箭的喷射来修正一下宇宙飞船的航向并调整速度。

这天 17 时 32 分，在全美电视网的预定节目里，“阿波罗”11 号飞船在距地球 237 854 千米远的地方，向地球进行了第二次彩色电视转播。这次播送持续了 35 分钟，观众通过电视屏幕清楚地看到了宇航员们在太空的生活实况。柯林斯在飞船舱内飘上飘下，表演了失重的现象；宇航员还详细地为大家介绍了一般人罕见的宇宙食品和特殊吃法。

7 月 19 日早晨 7 时 30 分，“阿波罗”11 号离月球只有 28 000 千米了，月球近在咫尺，飞船就要进入绕月轨道了，这时飞船必须减速，否则就会从月球旁边一擦而过，不能进入轨道。这就要靠服务舱的火箭发动机来起作用了。这时的发动机作逆向喷射，让反作用拖住飞船的后腿，使飞船速度纳入引力的范围，成为月球人造卫星，进行绕月飞行。

为了保证这一过程完全准确，从 8 时 30 分开始，3 个宇航员花了近 5 个小时仔细检查了每一个仪器和系统。休斯敦宇航中心汇总了世界各地负责追踪的卫星、飞机及舰船发回的数据材料，迅速计算出“阿波罗”11 号飞船进入绕月轨道的各项参数，然后发送给宇宙飞船。柯林斯和奥尔德林反复核算后，由指令长阿姆斯特朗输入计算机。飞船上的操纵开关全部放在“自动”位置，让计算机来主宰一切。

3 名宇航员目不转睛地盯着计算机指示器，小心翼翼地操纵着飞船。同样紧张的气氛也笼罩着休斯敦的控制指挥大厅，坐在厅内的全部人员都紧紧盯住面前的荧光屏，他们要随时掌握飞船的航迹。

飞船的速度减慢了，这时飞船转到月球的背面，服务舱发动机开始喷火，飞船内的宇航员已经能够看到月球表面的颜色了。月球表面是银灰色的，当飞船绕月飞行了 3 周后，阿姆斯特朗又一次举起摄像机，让人们看到月球荒凉的外貌。按预定的计划，将用 1 天的时间进行绕月飞行，他们在地面指挥中心的指导下修正了轨道，使其成为一个近似圆形的轨道，以便登月舱能准确地降落在预定的登月地点。他们对月球进行了仔细的外围观察，察看了着陆地点附近的地形外貌，又对舱内进行了周密细致的检查。

3个人忙碌了整整1天后，又按规定时间进入了梦乡。

7月20日7时，飞船上的3名宇航员被指挥中心唤醒，人类登月创举将在这天实现。

9时22分，登月驾驶员奥尔德林首先由指挥舱进入登月舱。20分钟后指令长阿姆斯特朗和柯林斯相互告别，进入登月舱。然后柯林斯将连接登月舱和指挥舱之间的通道封闭，他将留在指挥舱内，不参加登月，等两位伙伴完成任务后再去接应他们。从现在起将使用代号了，登月舱被称为“鹰”，而指挥舱则被称为“哥伦比亚”。

13时17分，柯林斯在“哥伦比亚”内发出脱离的信号，“鹰”逐渐离开了母船，“哥伦比亚”仍在绕月飞行。“鹰”向月球飞去，月亮越来越大了，这时宇航员们看清了月球的面目，它完全不像我们在地球上看到的那样晶莹美好，而是坑坑洼洼，凹凸不平，还有许多巨大的岩石，这使得两名宇航员不得不小心翼翼。终于，舱内的蓝色信号灯亮了，“鹰”感到一下猛烈的撞击，摇晃几下后稳定下来。

登月成功了！

1969年7月20日，美国东部时间下午4时17分，“阿波罗”11号的登月舱安全降落在月面，着陆地点在预定地点中心偏西南9.5千米的地方。

按预定的计划，“鹰”在月面共停留22小时。

经过两小时的紧张准备，登月舱门缓缓打开了，奥尔德林手持电视摄像机，将镜头对准站在舷梯上端的阿姆斯特朗，准备将这组珍贵的镜头全部拍下来并传回地球，而地球上几万人的目光也同时紧盯着电视屏幕上的阿姆斯特朗。只见他稳步走下39级的舷梯，当他伸出一只脚踩到月面时，他说出了一句富于哲理的话：“对于一个人来说，这是一小步，可是对于人类来说，这是巨大的一步。”

的确，对于人类来说，这是迈出的巨大的一步，是人类探索宇宙的一个巨大飞跃。月面上第一次留下了人的脚印。月面有一层又松又软的沙粒，宇航员的脚印是清晰的。奥尔德林用摄像机始终跟着阿姆斯特朗。在阿姆斯特朗登上月面15分后，看来一切正常，奥尔德林才离开登月舱，当他下到舷梯最后二三级时，放心地向月面纵身跃下，这时月球上有了两个地球来客。两名宇航员开始在月面小心翼翼地走动，走着走着就大胆起来，竟然像孩子似的向前跳跃行走。后来他们发现用比较长的弹跳式步伐前进，既轻松又走得快，好像袋鼠行走。他们的这种步伐使电视机前的观众感到既新鲜又吃惊，因为他们的航天服和氧气筒连同他们本身的重量足有230千克，可是在月面行走竟是如此轻松！紧接着两名宇航员将一面长 22.5 厘米、宽 19 厘米、厚 1.5 厘米的不锈钢纪念碑安装在登月舱着陆架的旁边，上面有用黑色合成树脂压铸成的地球东西两半平面图。还有一段以两名宇航员署名的文字："1969 年 7 月，太阳系行星——地球上的人类，首先在月面留下足迹，我们谨代表全人类来此进行和平的旅行。"

接着两名宇航员又取出一面长 1.5 米、宽 0.9 米的美国国旗，挂在 1 根长约 2.5 米的铝制旗杆上，插在离登月舱几米远的地方。

23 时 47 分，美国前总统尼克松和月球上的两名宇航员通了话，他说："今天，对每个美国人来说是一生中最自豪的日子，对全人类来说也是如此，由于你们获得的成功，宇宙已成为人类世界的一个组成部分。"

阿姆斯特朗和奥尔德林在月球上主要有两项任务：采集月球标本和放置实验仪器。对人类来说，月球上一切东西都是宝贵的，都值得带回地球。但在月面采集标本并非易事，首先要克服由于穿着笨重的航天服而行动不便的困难，还要保证所采集的标本不受污染，采集时一举手一投足都要格外小心。他们所带的工具都经过专门的设计和特殊的制造。

除采集月球表面标本外，他们还钻取了下层岩石标本，到 7 月 21 日零时 6 分，总共约 20 千克重的标本被装进了登月舱。

月球探险的另一项工作是安装实验仪器。在地球上 45 千克的自动月震仪，在月球上一个人可以轻轻提着走，这是因为月球引力只有地球引力的六分之一。月震仪的功用是将感应到的月球震动通过无线电波传回地球。它由太阳能电池供应电源。激光反射器是将来自地球的激光脉冲反射回去，借以测量月球和地球之间的距离。安装好这两台仪器花了 40 分钟。零时 56 分，预定在月面工作的时间结束，在休斯敦宇航中心的指令下，阿姆斯特朗和奥尔德林返回了登月舱。1 时 10 分，登月舱完全闭合，从登月舱门开放到闭合，历时 2 小时 31 分。人类在月球表面第一次探险宣告结束。

在登月舱内，两名宇航员换下月面航天工作服，然后开始整理东西。因为月球标本增加了飞船的重量，必须把没有用的东西全部清除出去，他们将价值 100 万元的东西丢弃在月球上，然后开始睡觉，此时已是 3 时 57 分。

当阿姆斯特朗和奥尔德林登月探险的时候，柯林斯一直驾驶着"哥伦比亚"在离月面 110 千米的地方绕月飞行，他的任务是担当中继站，同时密切关注两位伙伴的安全，随时准备去救援他们。他的另一项工作是利用光学测量仪计算飞船的绕月轨道，不断校正飞船的飞行姿态与位置。

7 月 21 日 11 时 15 分，登月舱内的两名宇航员被唤醒，准备飞离月球，去和“哥伦比亚”对接。他们首先打开雷达仪，接收并测量“哥伦比亚”的行踪，而柯林斯和地面指挥中心不断将“哥伦比亚”的轨道数据输入“鹰”的计算机内。“鹰”的计算机根据这些输入的数据和原来贮存的数据加以计算，就能算出月面发射的准确时间。

7月21日下午14时53分，宇航中心向登月舱发出可以离开月球的命令，接着“哥伦比亚”从“鹰”头顶飞过，登月舱上升节段发动机也开始点火，“鹰”从月球飞起了。阿姆斯特朗和奥尔德林在月球共逗留了21小时36分。

登月舱从月球发射没有正式的发射架，是以下降节段代替发射架来完成发射工作的。“鹰”以10.8米每秒的速度平稳地上升，再次进入绕月轨道和“哥伦比亚”一起成为月球的卫星，他们都使用雷达和光速走向仪不断修正各自绕月轨道和飞行角速度。经过了半小时的绕月飞行，两个飞行器对接成功了。由柯林斯卸下封闭板，然后和两个战友将采集到的月球标本资料拖进指挥舱，再密封通道。而为人类登月工程立下汗马功劳的登月舱被留在月球轨道上。它的最后一次贡献，就是减轻“阿波罗”飞船的重量。它作为一个人造月球卫星将一直围绕月球飞行。

7月22日零时10分，地面发来返回地球的命令，休斯敦宇航中心与“阿波罗”11号飞船之间交换了位置、时间和数据，通过计算机的运转，服务舱的发动机准时点火喷射，“阿波罗”11号冲出了绕月的轨道，胜利踏上返回地球的航程。

由于登月使命圆满完成，在返回的路上，3名宇航员情绪饱满，宇航员通过电视屏幕向电视观众表演了神奇的太空失重现象，像玩杂技那样飘浮旋转，使水滴在飞船内成为小球，然后腾空用嘴吸饮。7月23日，宇航员进行了最后一场历时12分的彩色电视转播，3名宇航员还发表了演说，内容虽然各有侧重，但都一致提到这次登月飞行的成功，是所有参与人员共同努力的结果，登月的成功不只是属于他们3人，也不只是属于美国，而是属于全人类。

为了迎接登月宇航员的胜利归来，美国政府组织了庞大的阵容，美国海军派出一支救捞船队，它包括9艘船只、54架飞机、近7 000名海军人员。“大黄蜂”号航空母舰是这个救捞船队的主角，它停泊在“阿波罗”11号降落的地方——夏威夷岛西南方约950海里处。在“大黄蜂”号的飞机库里设有一个临时防疫站，宇航员经过这里的初步检疫，然后被送到休斯敦宇航中心的检疫所去隔离检查。

此外，还有12架直升机和2架喷气侦察机随时准备起飞，2艘驱逐舰和1艘追踪舰严阵以待，整个宇航员的返航和欢迎仪式实况通过“大黄蜂”号上架设的活动电视发射装置来播放。彩色电视信号分别发送给太平洋、大西洋和印度洋上空的国际通信卫星，再转送到全世界约1 000家电视台，估计全世界有49个国家约5亿人通过电视屏幕收看了返航仪式。还有更多的人收听无线电实况广播。

此时，飞船上的3名宇航员既紧张又兴奋，重入大气层是这次月球之行最后一道关口，他们必须操纵飞船以准确的角度进入大气层。如果进入角度过小，飞船有可能擦过大气层表面又被弹回宇宙；如果角度过大，宇宙飞船将和大气猛烈撞击，就有可能像流星一样被烧毁。经过多次校正，飞船终于准确地进入了轨道。

7月28日12时22分，服务舱完成使命后被扔掉，坠入大气层烧毁。12时35分，指挥舱以每秒11千米的速度坠入大气层，由于空气的猛烈摩擦，飞船外表的温度达到3 000摄氏度，整个飞船像一个红色的火球徐徐下落。10分钟后，一声巨响，飞船指挥舱溅落在太平洋上。指令长阿姆斯特朗宣布：“我们已溅落。”时间是1969年7月28日美国东部时间12时55分22秒。经过195小时18分22秒的飞行，“阿波罗”11号宇宙飞船完成了人类首次登月任务后，平安返回地面。

“大黄蜂”号航空母舰全速向溅落点驶去，尼克松在舰上用望远镜观看，海军乐队奏起了进行曲，搭载宇航员的直升机缓缓降落在宽大的甲板上，3名宇航员立刻被迎进临时防疫站。

从月面带回的资料标本、音像制品以及各种数据，在休斯敦的“月球返回接待研究所”里被研究处理。3名宇航员在医生的陪伴下被隔绝了3个星期，让医生做彻底的检查，将检查测试数据与登月以前做比较。同时他们还要把在空间做的试验和科研项目逐项写出详细的报告。只有在这一切都完成后才能“恢复自由”。

继“阿波罗”11号宇宙飞船登月之后，美国又接连发射了“阿波罗”12号至17号等6艘飞船，其中除“阿波罗”13号因服务舱的氧气箱破裂而放弃登月外，其余5次均获成功。1972年12月随着“阿波罗”17号飞船在太平洋溅落，整个“阿波罗”工程宣告结束。在“阿波罗”12号到17号飞船的6次飞行中，又有21名宇航员参加登月，其中有12名踏上了月面，他们先后在月球上安放了5座核动力科学实验站、6个月震仪和25个测试仪器，将3辆月球车送上月面，共带回400千克的月球土壤和岩石标本，全世界有几十个实验室得到了月球标本。

16. 天外访问——星际无人探测器

水星的第一位“客人”

“水手”10号是人类向水星派出的第一个观察员，它是水星接待的第一位“客人”。

“水手”10号是8面柱体，有2块太阳电池板，重约525千克，内装电视摄像机、磁强计、粒子探测器、红外和紫外摄谱仪等。

1973年11月3日，用“宇宙神—人马座”运载火箭，从美国卡纳维拉尔角发射。发射后运行至距金星5 300千米处时，借助其引力场作用加速飞向水星，行程约3.8亿千米，于1974年3月29日与水星相遇，从距水星720千米处飞过。此后，又两次与水星相遇，一次是1974年9月22日，另一次是1975年3月16日。

“水手”10号不仅是人类向水星派出的第一个观察员，而且还是航天史上第一个借用一个行星引力为动力而到达另一个行星的探测器。通过3次对水星的抵近勘察，获取了大量的资料。水星是比木星或土星还要小的行星，那里大气稀薄，含有微量的氩、氖、氦等气体。大气压很小，表面温度为90～570℃；磁场微弱，约为地球的百分之一。水星表面与月球表面基本相似，有许多火山口。

金星首次探测

“维纳斯”是爱和美女神的名字。金星是人们最喜爱而又美丽的行星，因此西方人把金星叫做“维纳斯”。金星给人类留下了许许多多美丽的传说，促使人类去探索去证实。世界进入20世纪60年代后，人们把探测的目标瞄准了金星。

1961年2月4日，苏联在拜科努尔火箭发射场升空了第一颗重618.3千克的金星无人探测器“巨人”号，很可惜失败了。2月12日，苏联又发射了探测器“金星”1号。它重643.5千克，备有2块太阳能电池板和直径2米的折叠式抛物面天线。5月19日至20日，从距离金星10万千米的地方通过，由于无线电通信系统出现故障，又未能对金星进行考察。

1962年7月22日，美国将重200千克的“水手”1号金星探测器，从卡纳维拉尔角用“阿特打斯—阿吉纳”B火箭发射，因火箭的电子计算机程序出现故障，造成了火箭的控制系统失灵，使发射失败。一个月后，美国又发射了“水手”2号，顺利地进入金星轨道，于1962年12月14日从距离金星34 752千米的地方通过，此时“水手”2号距地球5 760万千米，由于无线电通信正常，“水手”2号上的红外探测器等科学仪器把金星表面的温度（427摄氏度）和所得的其他数据准确地传送回地面，创造了航天史上又一奇迹。

“水手”号探测器，是美国行星和行星际探测器系列。从1962年7月至1973年11月共发射10个，其中3个飞向金星，2个成功；6个飞向火星，4个成功；另一个是对金星和水星进行双星观测，成为第一个双星观测器。

1965年11月16日，苏联在拜科努尔发射场上空送走一个“客人”——“金星”3号无人探测器，它是投入“维纳斯”——金星怀抱的第一个使者，不仅如此，它还是人类历史上第一次由地球到达另一个行星的人造物体。

“金星”3号，重960千克，本体高3.5米，直径1.1米，探测器里安有一个直径达90厘米的着陆舱。着陆舱内装有一面印着苏联国徽的锦旗和一个直径为7厘米、雕刻着地球大陆的地球仪。如果金星表面有高等生物，它们获得地球仪，就知道探测器来自地球，这是苏联科学工作者的设想。

“金星”3号发射后，运行105天，于1966年3月1日到达金星表面。遗憾的是，该探测器通信系统在着陆之前失灵，所观测的数据未能送回地面。

此后苏联又陆续向金星发射了7颗无人探测器，尤其是“金星”5号和7号软着陆在金星表面，进行了实地勘察，金星之谜揭开了，人们开始了解“维纳斯”的面容。

人造金星卫星为了真正弄清“维纳斯”——金星的真面目，苏联从1961年先后发射了8颗探测器。1975年6月8日又发射了第9颗探测器——“金星”9号。1975年10月22日，即发射后的第106天，着陆舱软着陆在金星表面，轨道舱则继续绕金星飞行，该轨道舱即成了航天史上第一颗人造金星卫星，它也是世界上第一颗人造行星卫星。由于金星大气十分稠密而且被电离了，原来拍摄的照片只能看到一片云，因此它又成了掀开“维纳斯”的面纱、拍摄“维纳斯”真正“脸庞”照片的航天器。

“金星”9号轨道舱，可对金星进行自行观测，又能作为无线电中继站，把着陆舱在金星表面拍摄的金星照片以及测得的风速、压力、温度、太阳辐射量、大气层密度及成分等数据及时转发给地球。“金星”9号的最大功绩在于帮助人类第一次弄清了一些“金星”之谜。

1989年5月5日，“麦哲伦”号金星探测器由美国航天飞机“阿特兰蒂斯”号携上太空。它是美国11年来发射的第一个从事星际考察的探测器，也是从航天飞机上发射的第一个担负这种任务的探测器。

“麦哲伦”号探测器将在太空游弋15个月，行程约13亿千米，计划1990年8月飞入金星引力圈内，最后点燃火箭发动机，进入一条周期约为3小时的绕金星轨道。

“麦哲伦”号探测器的主要使命是：了解金星的地质情况，如表面构造、电特性等；研究火山和地壳构造以及形成金星表面特性的原因；了解金星的物理学特性，如密度分布和金星内部的力学特性等。

“麦哲伦”号探测器上采用了先进的合成孔径雷达，对金星进行探测，并绘制金星图像。

1990年8月10日，“麦哲伦”号探测器顺利到达金星。8月16日，探测器上的合成孔径雷达开始对金星表面进行探测，虽然只获得金星表面的一小部分资料，但图像非常清晰，可以清楚地辨认出断层、火山熔岩流、火山口、高山、峡谷和陨石坑。“先驱者金星”号探测器发现金星上可能曾经有过水，“麦哲伦”号则要“看看”金星上是否有河床和海滩等。

在西方被称做女神维纳斯的金星，总被浓云密雾包围着。人类将不断探索，透过浓云密雾，早日揭开金星的面纱。

火星探索

登上火星、探索火星是人类长期的夙愿，随着航天技术的发展，人类登上火星已不是遥远的梦想。如果用航天飞机从地球飞抵火星，需要6个月左右。为适应长时间飞行中失重的麻烦和火星上缺氧环境，一些国家正在训练一批15岁左右的少年，作为未来登陆火星的人选，并开始研制可载30名宇航员的航天飞机或飞船，作为将来飞往火星之用。

美国和当时的苏联科学家提出用最新的航天技术登陆火星。这个计划是由美国斯坦福大学4名教授和苏联的5名高级工程师提出的，他们计划的首支远征队由3男3女组成。远征队将用9个月的时间由地球飞往火星，并在火星工作1年，然后再用9个月的时间飞回地球。远征队所需要的部分工具，在他们到达火星之前将发射到火星上。

早在1975年，美国发射的“海盗”号宇宙飞船的观测表明，火星曾存在过可观的大气及激流。然而，就人们所知，如今这个红色行星一滴水也没有，甚至大气也基本消失。是什么原因使火星成了今天这样贫瘠、寒冷又无生命的星球？虽然有很多的理论做了解释，但缺乏确切的证实资料。

火星本身是令人神往的，其魅力就是有可能让人类居住在那里，领略太空生活的奥秘。

火星是太阳系中的第4颗行星，也是我们地球的邻居。火星上有没有生命一直是科学家们多年来争论不休的问题。大多数科学家持否定态度，认为在火星上不可能存在生命，即使是极小的微生物，但有一些科学家坚持认为，火星上可能存在生命现象。

1976年7月20日在火星表面软着陆的美国"海盗"1号探测器，携带一台用来进行生物实验的仪器。这台仪器把一种化学药品注入到火星表面9个地点的土壤中，然后检测土壤中有关的生命信号。如果土壤中存在着微生物，它们"吃掉"化学药品后，会释放气体。由于仪器的灵敏度很高，很容易测到这种气体。果然，这台仪器探测到了微生物"打嗝"声。因此，一些科学家认为火星上可能存在着生命。

为了进一步证实，又做了另一次实验：把每一份土壤加热到可能不会破坏化合物的温度，然后再向每一份土壤注入同样的化学药品后，结果没有气体产生，这说明微生物死亡了。

许多科学家对这些实验提出异议，但多年来少数科学家仍然坚持认为火星上有生命，并一再建议美国宇航局再次向火星发射探测器，进一步探明火星上有无生命存在。他们认为，如果火星上确实存在生命，且发现火星上和地球上的生命之间毫无联系，那就有巨大的科学价值，就可以证实，生命曾不止一次产生过。

近几年来，少数科学家的发现和见解引起许多人的兴趣和重视，许多国家都在计划实施各自的火星探测计划。随着探测火星计划的实施，我们将拭目以待，弄清火星上到底有没有生命的日子，不会太长远了。

"伽利略"飞向木星

在古代，我们的祖先发现，在太空的亿万颗星辰中，有5颗特别明亮的星星穿行其间。这就是水星、金星、火星、木星和土星，而木星的亮度仅次于金星，名列第二。在太阳系的八大行星中，无论从体积还是质量上衡量，木星都是排行第一。

为揭开木星的奥秘，1989年10月18日，美国"阿特兰蒂斯"号航天飞机发射了考察木星的"伽利略"号探测器。

从20世纪70年代初至今，人们孜孜不倦，试图揭示木星的秘密，先后发射了"先驱者"10号、"先驱者"11号、"旅行者"1号和"旅行者"2

号等探测器访问过木星和它的卫星，人们逐渐揭开了被色彩斑斓的浓密云层笼罩着的木星的奥秘，使人们对木星有了初步了解。

考察发现，木星有一个由大量的黑色碎石块组成的宽大光环，光环的宽度达数千千米，厚度为30千米，组成光环的黑色碎石块大小不等，大的有数百米，小的有数十米。最令科学家惊异的是，木星的卫星——木卫，上面至少有6座活火山，它以每小时1 600千米的速度向外喷发灼热的气体和固体物质，喷发物的高度达480千米，其喷发的强度比地球上的火山大得多。

木星的卫星有多少？过去说法不一。经考察，迄今为止，发现木星有4颗大卫星和12颗小卫星，木星和它的卫星系统很像一个小型的太阳系。

“伽利略”号围绕木星飞行11圈，进行历时两年的考察，它将依次考察木星的4个大卫星木卫1、木卫2、木卫3和木卫4。它携带的照相机比“旅行者”号上的照相机灵敏度高100倍，加上考察时它靠近木星卫星的距离比“旅行者”号近，因此，“伽利略”号的考察更具价值。

土星迎来的“客人”

美国“先驱者”11号，是航天史上第一个对土星探测的卫星，它是土星接待的第一位“客人”。

“先驱者”11号，于1973年4月5日发射升空，1974年12月5日从距离木星41 000千米的地方通过，首先完成了对木星的探测。然后奔往土星，于1979年9月1日在距离土星21 400千米处掠过，拍摄了土星本体、光环和土卫6等卫星的照片。它发现了土星的第6和第7两个光环、土星的新卫星——土卫11，并发现土星有磁场、磁层和辐射带。

“先驱者”11号探测器内携带有1块表明人类在宇宙中地位和文明现状的长22.5厘米、宽15厘米的镀金铝质问候“名片”。“名片”的图案上有裸体男女，他们为地球人，男人举起右手表示向“太空人”致意；人像背后为按比例绘制的“先驱者”号外形，以示人体的大小，下面10个圆圈表示太阳系，从左边数最大的是太阳，第四个为地球，从其出发的曲线表示该探测器的航迹；左中部的辐射状符号表示地球人认识的物理学和天文学；左上部的两个符号表示地球上第一号元素氢分子结构。

卫星上还带有两个铝制盒，在盒内装有反映人类存在信息的镀金铜质唱片及一枚金刚石唱针。它在宇宙真空中可完好保存10亿年以上。唱片依次录制有：116幅照片和图表，介绍了地球上数学、物理学、生物学和地质学等发展状况，各国的风土人情、人类智慧与劳动的重大成就、太阳系的概况及在银河系中的位置、象征生命的脱氧核糖核酸和染色体以及人类的生育情形，其中还有中国人午餐的场面和长城的雄姿；包括广东话在内的60种语言的问候语和联合国前秘书长瓦尔德海姆的讲话；地球演化的介绍，其中包括刮风、下雨、打雷、海浪冲击和火山爆发的声音以及各种虫、鸟、兽等的叫声；地球上不同时代、民族、地区的27首典型代表名乐曲，其中有中国的古琴曲《高山流水》。

“旅行者”2号采访天王星

太阳系八大行星中，天王星地处太阳系的边远地带，距地球约28亿千米，相当于地球到土星距离的两倍。它像地球一样有公转和自转，不过由于距太阳太远，绕太阳公转一周长达84年之久。

天王星是个庞然大物，它的体积比地球大64倍，质量约为地球的15倍，其大气主要成分是氢和氦。

人类的使者——“旅行者”2号，以每秒18千米的速度向天王星进发。1986年1月24日，在距天王星表面只有107 080千米处掠过，用它携带的各种现代化科学探测手段，对这颗奇特的大行星进行人类有史以来首次近距离考察，拍摄它多姿多彩的“身姿”及“面容”，并将拍摄的照片及其他信息通过无线电波及时发回地球。经过2小时45分后，这些电波穿越浩瀚的宇宙到达地球，由地面的64米大型抛物面天线接收并送入计算机处理。科学家们利用大型计算机进行一系列分析计算，就可以揭开这颗至今了解甚少的行星的真实面目，也为探索太阳系的起源和进化问题提供重要的证据。

“旅行者”2号是何物呢？它是一艘携带各种科学仪器的飞船，重量为820千克，外形为16面体，中央有一个存放燃料的球形箱体，四周安装各种无线电设备，如直径为3.7米的抛物面天线等。

“旅行者”2号飞船携带12种科学仪器，以及“地球之音”——给外星人的问候语和反映地球人类文明的照片。这些科学仪器可分为三大类：一是摄像设备，用于拍摄天王星的各种图像；二是空间环境探测设备，用于探测宇宙射线、宇宙粒子、磁场等；三是射电天文接收机，用于探测大气层和电离层的特性等。

“旅行者”2号不负众望，将丰硕成果送到人间。

“旅行者”2号发现，天王星大气中氦的含量为10%～15%，其余是氢。大气中有风暴云，但没有大气漩涡。

地面观测发现天王星有9条环。“旅行者”2号发现它至少有20条环。这些环由冰块组成，个别的由碎石块组成。

“旅行者”2号传回的资料很多。这些资料将帮助人们了解天王星的奥秘。

如今，“旅行者”2号携带着“地球之音”，离开太阳系，飞向茫茫的宇宙。

“旅行者”访问海王星

1989年8月25日，亿万观众兴高采烈地从电视里欣赏了“旅行者”发回的神秘太空壮景。

“旅行者”是美国行星和行星标探测系统。“旅行者”1号是1977年8月发射的，“旅行者”2号是1977年9月发射的。

“旅行者”2号经过12年的长途跋涉，到达它的最后一个探测目标，从距海王星4 800多千米的最近点飞过海王星，前后共发回6 000多张照片。这是人类有史以来从最远距离（与地球相距大约72亿千米）接收来自另一颗遥远行星的照片。由于与地球的距离太远，信号从海王星发回地球，以每秒30万千米的光速传输，也要花4小时零6分的时间。这些信号到达地球时已经非常非常微弱，美国宇航局仅靠一座直径60多米的巨型天线无法接收到它的信号，需要把设在四大洲上的38座巨型天线连成一个超级天线阵，才能捕获到它的微弱信号。这些信号经过计算机处理，转换成图像显示在荧光屏上，人们才能观看其壮景。

当“旅行者”2号抵达距海王星最近点之后4分，“旅行者”2号将所拍图像发回地球，地面收到这些实拍图像时正好是美国晚上9时的黄金时间，美国公共广播电视网为了让广大观众目睹海王星的神秘世界，破天荒地转播了“旅行者”2号从72亿千米之遥发回的一幅幅神奇的照片，270多万电视观众坐在家里欣赏了海王星及其8颗卫星和5条光环的生动画面。

整个实况转播历时7个小时，来自7个国家的130位科学家也同时在宇航局的荧光屏上收看了这一盛况。这是“旅行者”计划12年来第一次向普通百姓实况转播探测成果。

“旅行者”1号和2号探测器自1977年发射以来，先后探测了木星、土星、天王星和海王星，共发回10万多张照片，研究和发射共耗资8.7亿美元，但它们所获得的成果却是无价的。

明天，人们将看到和平开发太空的繁忙景象：一座座宏伟的太空城耸立在九霄云端，壮丽无比；航天飞机将频频起落，来往穿梭，把一批批科学技术人员和太空居民接来接去；各种物资会源源不断运往太空城，又把太空城居民的劳动果实不断运回地球。

这不是幻想，而是为时不远的未来现实。

少年朋友，你们是21世纪太空的主人，以你们的智慧和劳动，去描绘壮丽无比的太空奇观吧！

第二节　神奇诡异——宇宙秘密

1. 神秘莫测——宇宙大引力体

1968年以来，国际天文研究小组的“七学士”（天文学家费伯和他的同事们）在观测椭圆星系时发现，哈勃星系流正在受到一个很大的扰动。所谓哈勃星系流就是指宇宙所表现出来的普遍膨胀运动，简称哈勃流。这是根据著名的哈勃定律、由观测星系位移现象所知晓的。哈勃流受到巨大扰动这一现象说明，我们银河系南北两面数千个星系除参与宇宙膨胀外，还以一定的速度奔向距离我们1.05亿光年的长蛇座—半人马座超星系团方向。

是什么天体具有如此大的吸引力呢？

天文学家们经分析认为，在长蛇座—半人马座超星系团以外约5亿光年处，可能隐藏着一个非常巨大的“引力幽灵”——“大引力体”（或称“大吸引体”）。

有人用电子计算机作理论模拟显示，发现这个神秘的大引力体使我们的银河系大约以每秒170千米的速度向室女星系团中心运动。与此同时，我们周围的星系也正以每秒约1 000千米的速度被拖向这个尚未看见的“大引力体”。有人推测，这个“大引力体”的直径约2.6亿光年，质量达3×10^{16}太阳质量。

但是，也有人否定这个“引力幽灵”的存在。如伦敦大学的天文学家罗思·鲁宾逊和他的同事们，在仔细观察了国际红外天文卫星1983年发回的2 400张星系分布照片后断定，已观测到的星系团如宝瓶座、长蛇座和半人马座等，比以前人们认识的要大得多，其宽度大约有1亿光年。这些庞大的星系团中存在着足够的物质，也足以产生拉拽银河系的引力，而不是什么别的“大引力体”。

究竟有没有“大引力体”，的确是一个令人费解的宇宙之谜。

2. 天文疑案——星际消光现象

宇宙的星光到达地面时其实已不是原来的模样，而是大大减弱了。究竟是什么东西造成了星际消光现象呢？这是一桩早在19世纪末就摆在人们面前的天文疑案。

航天技术的发展给人们了解这一疑案提供了条件。人们利用人造卫星研究的结果，将宇宙的星光展成光谱，发现在红外区域的3.1微米、9.7微米、6~6.7微米以及紫外区域的0.22微米波长处都有强烈的吸收带。可是一次次的模拟实验将一个个假设的物质都否定了：既不是石墨构成的宇宙尘，又不是硅酸盐尘，也不是带有苯核的有机物。不久前，英国科学家霍伊尔根据“宇宙中充满了微生物”的大胆设想，异想天开地用大肠杆菌进行模拟实验，竟然在紫外线0.22微米的波长范围，找到了与星光相吻合的吸收带。日本学者也相继对大肠杆菌进行了研究，惊喜地在红外区域3.1微米、9.7微米以及6~8微米之间都找到了相似的吸收带。

如果真是像大肠杆菌这样的微生物造成了星际消光现象，岂不证明宇宙星际中有生命存在吗？这不禁又使人想到另一桩千古悬案：生命起源之谜。

这场探究星际消光现象的实物模拟实验为“生命源于天外说”提供了依据。

3. 奇思妙想——星名中的化学元素

提到星名，人们很容易联想到一个个与之有关的美妙动听的神话故事，大概很少有人会想到，星名与化学元素能有什么关系。

古老的星球还代表着一定的化学元素：

太阳——黄金

月亮——白银

水星——水银（汞）

金星——铜

火星——铁

木星——锡

土星——铅

不仅古人如此，近代人也有将新发现的化学元素冠之以某个星名的现象，如碲和硒，因为这两种元素的性质极相近，人们称它们为“姐妹元素”。由此，人们联想到地球与月球的亲密关系，所以就给它们取了与地球和月球相近的名字：

碲 Tellurium（简称 Te）——地球 Tellrian

硒 Selenium（简称 Se）——月神 Selene

用来制造原子弹的铀（U）是它的发现人德国化学家克拉普罗特为纪念

天王星的发现而取的名。铀 Uranium——天王星 Uranus。

1803 年发现的两个新元素铈（Ce）和钯（Pa）来自 19 世纪初人类找到的寻觅已久的“失踪了的天体”，即位于火星与木星之间的两颗小行星。铈 Cerum——赛丽斯星（中文名谷神）Ceres；钯 Palladium——帕拉斯星（中文名智神星）Pallas。

4. 高瞻远瞩——小行星再撞地球

对于人类来说，最大的自然灾害莫过于小行星冲撞地球了。如今，这方面的研究已取得了许多进展。1980 年，有两位科学家研究了白垩纪和第三纪地层中间的薄层黏土，发现其中含有大量的铱。而在地球上，铱很罕见，小行星中却十分丰富。因此他们提出：在白垩纪末，大约距今 6 500 万年前，地球曾遭到一个巨大小行星的碰撞，从而导致了恐龙的灭绝。这也是恐龙灭绝的假说之一。

几年前，地质学家在中美洲墨西哥的尤克坦海岸发现了一个水下陨石坑，他们判断说，这里很可能就是地球遭小行星碰撞的地点。1993 年 9 月，美国和墨西哥的科学家测得这个陨石坑的直径约 300 千米，碰撞时释放的能量相当于两亿颗氢弹。据此估计，当时这颗小行星的直径有 16 千米。

与此同时，法国的一个研究小组也发现，在远离日本 1 900 千米的太平洋底的一个 1 300 平方千米的范围内，遍布有微米级的磁铁矿和铱晶体。他们认为这不可能是尤克坦碰撞时通过空气越过来的粒子，因为这样飞过来的粒子经过空气的摩擦，必然会被烧成圆形。因此他们推测当时撞入地球大气层的小行星可能一分为二，其中一块撞在尤克坦，另一块则落到了太平洋的中部。

1993 年，有两位科学家根据电子计算机模拟认为，以前假定的大量小粒子碰撞的积累而导致地球自转是不可能的。他们提出了在 40 亿年前，曾发生过一次像火星一样大的天体碰撞了地球，从而使地球开始了自转，并由此产生了月球。这也是月球形成的假说之一。

科学家们还根据空气动力学的复杂计算认为，彗星或含碳丰富的小行星会在更高的空中爆炸，还不至于危及地面，只有那些含铁丰富的小行星才会在地面形成陨石坑，而介于两者之间的更普遍的石质小行星，才会发生通古斯类型的事件。这是一颗像足球场大的小行星，其典型的速度为 45 马赫，当它以此速度进入大气层时，空气被集聚在其前方，后方就形成了一个真空，这一巨大的压力差形成的压力梯度正好会使它破碎。这一爆炸若发生在

8 千米的高空，可使周围的空气达到 50 000 摄氏度，其威力相当于一个核弹头，并产生出一个以超音速扩散的热气团，其冲击波足以使一个像纽约那么大区域内的树木全部燃烧起来。据称，6 500 万年前就曾有过一场遍及全世界的大火，该大火就是由小行星碰撞地球引起的，大火烧掉了全世界 1/4 的植物，致使幸存的恐龙也因缺乏足够的食物而无法继续生存下去。

1993 年 6 月，科学家们发现了一个新的小行星带，其中有许多直径小于 50 米的小行星正沿着离地球很近的轨道在绕日运行。有人担心它们会对地球构成威胁，但科学家们计算后表明，这些直径小于 50 米的任何小行星在进入大气层后，都会被炸得粉碎，因此不会给地球带来灾难。

值得注意的是，1983 年，又一颗小行星被发现，命名为“1983tv”。英国天文学家在计算了这颗小行星的轨道之后，发表了自己的看法：如果“1983tv”不改变其运行轨道，将于 2155 年与地球相撞，可能给人类带来灾难。

虽然这将是 150 年以后的事，但人类也该早想对策，而不能坐以待毙。其实，根据人类现代科学技术水平以及 150 年的高速发展，办法还是有的。比如我们可以迫使这颗小行星改变运行轨道，从而避免它与地球相撞。我们还可以运用地对空远射程导弹一类的武器，在太空中将它摧毁掉，这应该不会是很困难的吧！而目前最重要的是，首先精确地计算出这颗小行星的运行轨道，对于 2155 年碰撞地球一说得出一个准确的结论。在全世界天文学家没有得出共同的结论之前，它始终只是一个“相撞之谜”。

美国国家航空和宇宙航行局一个顾问委员会，在讨论恐龙灭绝理论时认为，将来类似的撞击也会使人类灭绝。为此，他们正在研究对策，一旦有一个直径为一英里左右的行星将要撞击地球，可以用发射核弹头导弹在其旁边爆炸的方法，来改变它的行进方向。但据地质学家休梅克研究，这种行星与地球相撞的概率，在 10 万年内只有一次，因此前面所说的大爆炸更难一遇了。

出人意料的是，也有人欢迎小行星光临地球。因为未来科学家们认为，一个仅一英里宽、含有上等镍与铁的小行星，能给我们带来高达 4 万亿美元的资产。除了大量的镍与铁之外，有些游离的小行星还可能含有丰富的金和铂，以及一些稀有元素如铱等，其价值无法估计。所以，目前西方各国的科学家们正在想方设法地积极准备迎接这些地球的不速之客哩！

5. “新子理论”——黑洞新说

黑洞这一宇宙中自然存在的物质运动的普遍形态，涉及了现代宇宙学、天文学、天体物理学等方面的几乎“所有基础问题”和“困扰”。例如，微波背景辐射，X射线爆发，γ射线爆发，引力和引力波，暗物质问题；白矮星，中子星，变星，脉冲星，类星体，双星，伴星，超新星，红巨星，恒星和螺旋星系的起源与消亡；宇宙的起源，宇宙的年龄，宇宙的消亡；宇宙大爆炸学说等。因此，针对黑洞的所有理论方面的正确定义，在科学上，显然意义极其重大。

秦笑靠认为，中国人在有关黑洞的科学研究方面的正确和出众是世界领先的。秦笑靠根据自己的“新子理论”，对黑洞及有关的宇宙和天文学方面理论的基础问题，悄悄地进行了全新的整体定义和革命性挑战。中国“新子理论”首次提出，以往人们对其争论不休的黑洞，是一种自然的天体运动形态的真实存在。但是，它并不是以往人们通常已经习惯了的、在人为的理论模型中，由抽象的数学推论所给出的那种虚无缥缈、漏洞百出的样子。“新子理论”给出了一个整体定论，即“黑洞”是一种宇宙中物质运动形态客观存在的普遍现象，以往人们仅根据天体的质量作为其特征标准，寻找、观测、计算、定义黑洞的种种努力，都是受到具体历史条件所局限的求知行为。“所有黑洞，其质量各不相同”，这就如同人类的面孔一样。宇宙中存在着无数大大小小、质量不等的处于自身不同发展阶段的反时空旋的黑洞。

以往的黑洞，总是被描述为具有极大的质量、极大的坍缩引力、极快的转动，连光都不能从其近旁逃脱。“新子理论”认为，反时空旋处于不同发展阶段时，光既可以进入黑洞，也可以从黑洞中出来，而且，不仅是可见光，即便是X射线或γ射线等所有高能宇宙射线，都可以在反时空旋的某一特定阶段进入黑洞，或从黑洞中出来。

秦笑靠认为黑洞理所当然“都是热的”，都可以是能够产生辐射的，但是，在反时空旋的不同发展阶段，黑洞的变热形态是可变的，黑洞的辐射形态也是可变的。而且，可以发出足以使天文学家为之目瞪口呆的宇宙中最强大的辐射。

黑洞并不总是能够维持着表现为引力巨大的样子，即并不是每个黑洞都能总是位于引力巨大的状态。而且，并非每个黑洞都能在反时空旋的所有发展阶段都总是能表现为引力巨大的状态。在“新子理论”中无所谓“巨型黑洞”这样的提法。黑洞的引力及反时空旋有关的所有引力，并非总是维持不变。而且，也没有任何原因或任何条件能够维持这种“不变”。即，黑洞的引力状态，不论其强弱，都只能位于变化过程中。这一点，是绝对的！因为在过去被条件所限定的天文观测，一直没能在宇宙中找到“客观的黑洞”，从而迫使包括专门研究黑洞的权威在内的学者们，不得不普遍认为，在宇宙中，“黑洞的数量是稀缺的”。人们被迫纷纷转而求助于抽象的数学模型，希望能够在所谓的“虚”时中找到各自想象的黑洞。

秦笑靠认为宇宙中大多数星系中心，都存在黑洞。银河系目前正处于反时空旋的减旋阶段。银河系存在众多大大小小的星黑洞，银河系中心存在系黑洞，这是很平常的情况，只不过现在位于银河系中心的系黑洞的半径，已经处于不断变小过程的时空形态。来自银河系中心的各种辐射都将持续增强。这些结论，是人类对本星系根本性质有关的科学研究最新结果的第一次定义。

6. 神奇力量——“暗能量”

美国太空望远镜科学研究所的科学家 2007 年 2 月 20 日公布的一项研究结果显示，宇宙至少还能再膨胀 300 亿年。

神秘的“暗能量”

1917 年，爱因斯坦提出，宇宙间存在一种与万有引力相反的力量，使所有星系保持一定距离，这样宇宙才不会因星体间的万有引力而不断收缩。爱因斯坦认为这种与万有引力相反的力量是恒久不变的，称之为“宇宙常数”。20 世纪 20 年代，在埃德温·哈勃发现宇宙并非静止而是在膨胀之后，爱因斯坦放弃了“宇宙常数”，并称其为自己“一生中最大的错误”。

然而，科学家后来从陆续发现的超新星中得出更多资料，显示宇宙中的确存在“反引力”力量，这也正是令宇宙不断膨胀的原因，科学家将这种看不到的神秘力量称为“暗能量”。

7. 超乎想象——宇宙的三种归宿

据对“暗能量”不同的理解，科学家早前曾提出三种宇宙命运的假设：一是“永远膨胀”。按照暗能量稳定存在的假设，宇宙将会永远加速膨胀下去。二是“大分裂”。如果暗能量排斥力超出爱因斯坦的预测，所有物质将在宇宙的急剧膨胀中被撕裂。三是“大坍塌”。暗能量也许有一天会突然发生跳转，由排斥变成将膨胀的宇宙往回拉，宇宙最后将在挤压下产生“大坍塌”。

8. 天文命题——宇宙还能“胀”多久

美国太空望远镜科学研究所的科学家利用“哈勃”太空望远镜寻找到42颗超新星，对它们进行观测，以研究宇宙在过去不同历史时期的膨胀速率。研究结果显示，暗能量似乎更接近爱因斯坦的理论预测，即使爱因斯坦的理论是错误的，最起码在今后300亿年中，暗能量的变化不会导致宇宙毁灭，宇宙将慢慢地继续膨胀。不过他们也强调说，要想加深对暗能量的理解和确定宇宙的最终命运，尚需要进行更多的观测。

第三节 宇宙科学——天文学

1. 自然科学——天文学

天文学是一门古老而常新的自然科学，研究对象是宇宙的规律。但随着人类文明程度的不同和研究的具体内容不同，将会有一个逐步扩展和深化的历史过程。

最早的天文学，谈不上研究，只是摸索出一些很具体很实用的规律，如昼夜更替、季节变化、判别方向、潮水涨落等，用来安排和指导生产与生活。我国古书和民间就较早发现了北斗七星的旋转与季节的对应关系。

不过，在很长的一段时期内，无论中国还是外国，对天文现象的观察仅仅局限在寻找实用的直接对应现象方面，对现象间的因果对应的内在规律不予追究，对宇宙空间也不去追究，事实上也没有能力追究。如果有一些解释，如宇宙起源的盖天说之类，主要是一些思想家头脑中想象出来的，仅仅是一种猜测，还谈不上真正的天文学研究。

真正意义上的天文学研究是近代才开始的。近代科学需要更精确的时间等方面的记录，天文学家担负起了这一使命；近代科学的发展又为天文学家提供了进步的观测研究工具和理论，使得天文学迅速成熟起来了。比如19世纪以前的天文学与数学、力学的发展息息相关；现代科学技术高度发展与天文学的关系也更为密切，爱因斯坦的相对论原理既利用了天文观测结果予以证实，又促进了天文观测的精确化；海王星是借助数学原理推算出来的，同时也验证了有关科学原理的正确性等。

特别是进入20世纪60年代以来，随着天文观测研究手段的更新，光谱分析、射电望远镜和大型干涉仪等技术设备的应用，天文学发展很快。1960

年通过对射电源的观测和研究，发现了第一个类星体，即一种新的光学天体。1967 年发现了脉冲星，即以极为精确的时间规则而短促发射无线电脉冲信号的星体，继而发现恒星与恒星之间并非真空，而是有多种星际分子……这些都使传统的天文学理论得以充实和科学化。

不过，相对于宇宙和宇宙规律而言，人类的天文学知识还是太少太少了。天文学的进步要靠一代又一代人的不懈努力。

2. 斗转星移——天文学发展简史

天文学的起源可以追溯到人类文化的萌芽时代。远古时候，人们为了指示方向、确定时间和季节，就自然会观察太阳、月亮和星星在天空中的位置，找出它们随时间变化的规律，并在此基础上编制历法，用于指导生活和农牧业生产活动。从这一点上来说，天文学是最古老的自然科学学科之一。早期天文学的内容就其本质来说就是天体测量学。

从 16 世纪哥白尼提出日心体系学说开始，天文学的发展进入了全新的阶段。在这之前，包括天文学在内的自然科学，受到宗教神学的严重束缚。哥白尼的学说使天文学摆脱宗教的束缚，并在之后的一个半世纪中从主要纯描述天体位置、运动的经典天体测量学，向着寻求造成这种运动力学机制的天体力学发展。18、19 世纪，经典天体力学达到了鼎盛时期。同时，由于分光学、光度学和照相术的广泛应用，天文学开始朝着深入研究天体的物理结构和物理过程发展，并诞生了天体物理学。20 世纪现代物理学和技术高度发展，并在天文学观测研究中找到了广阔的用武之地，使天体物理学成为天文学中的主流学科，同时促使经典的天体力学和天体测量学也有了新的发展，人们对宇宙及宇宙中各类天体和天文现象的认识达到了前所未有的深度和广度。

天文学就本质上说是一门观测科学。天文学上的一切发现和研究成果，离不开天文观测工具——望远镜和望远镜后端的接收设备。在 17 世纪之前，人们尽管已制作了不少天文观测仪器，如在中国有浑仪、简仪等，但观测工作只能靠人的肉眼。1608 年，荷兰人李波尔赛发明望远镜，1609 年伽利略制成第一架天文望远镜，并很快作出许多重要发现，从此天文学跨入了用望远镜观测、研究天象的新时代。在此后的近 400 年中，人们对望远镜的性能不断加以改进，并且越做越大，以期观测到更暗的天体和取得更高的分辨率。目前世界上最大光学望远镜的口径已达到 10 米。

1932 年美国人央斯基用他的旋转天线阵观测到了来自天体的射电波，

开创了射电天文学。1937 年诞生第一台抛物反射面射电望远镜。之后，随着射电望远镜在口径和接收波长、灵敏度等性能上的不断扩展、提高，射电天文观测技术为天文学的发展作出了重要的贡献。目前世界上最大的全可动射电望远镜直径为 100 米，最大固定式射电望远镜直径达 300 米。

20 世纪后 50 年中，随着探测器和空间技术的发展以及研究工作的深入，天文观测进一步从可见光、射电波段扩展到包括红外、紫外、X 射线和 γ 射线在内的电磁波各个波段，形成了多波段天文学，并为探索各类天体和天文现象的物理本质提供了强有力的观测手段，天文学发展到了一个全新的阶段。

在望远镜后端的接收设备方面，19 世纪中叶，照相、分光和光度技术广泛应用于天文观测，对于探索天体的运动、结构、化学组成和物理状态起了极大的推动作用，可以说天体物理学正是在这些技术得以应用后才逐步发展成为天文学的主流学科。20 世纪中，偏振观测、干涉测量、斑点干涉、CCD 探测器以及多光纤等技术在天文观测中发挥了越来越大的作用。毫无疑问，天文研究中取得的重要成果与后端探测设备的发展和改进是紧密联系在一起的。

3. 如影随形——天文学和人类社会

可能有人会问，既然天文学的研究对象是星星、太阳、月亮，那么天文学和我们地球上人类的生活、工作又有什么关系呢？其实，作为一门基础研究学科，目前天文学学科研究的许多内容，在短时间内与我们人类似乎关系不大。比如，银河系如何运动这类基本问题的研究显然同我们生活没有什么关系。但是，另一方面，天文学家的工作在不少方面又是同人类社会密切相关的。

人类的生活和工作离不开时间，而昼夜交替、四季变化的严格规律须由天文方法来确定，这就是时间和历法的问题。如果没有全世界统一的标准时间系统，没有完善的历法，人类的各种社会活动将无法有序进行，一切都会处在混乱状态之中。

人类已经进入空间时代。发射各种人造地球卫星、月球探测器或行星探测器。除了技术保证外，这些飞行器要按预定目标发射并取得成功，离不开天文学家对它们运动轨道的计算和严格的时间表安排。

太阳是离我们最近的一颗恒星，它的光和热在几十亿年时间内哺育了地球上万物的成长，其中包括人类。太阳一旦发生剧烈活动，对地球上的气候、无线电通信、宇航员的生活和工作等将会产生重大影响，天文学家责无旁贷地承担着对太阳活动的监测、预报工作。不仅如此，地球上发生的一些重大自然灾害，比如地震、厄尔尼诺现象等，天文学家也在为之努力工作，并为防灾、减灾作出自己的贡献。

特殊天象的出现，比如日食、月食、流星雨等，现代天文学已可以作出预报，有的还可以作长期准确的预报。1999 年 3 月 9 日我国漠河地区发生一次日全食，中央电视台为之作了 2 小时 40 分的观测实况转播，而严格安排转播时间表的关键就是天文学家对日食的准确预报。1994 年彗星撞击木星引起世人的关注，彗星会不会在某一天撞上地球而导致全球性灾难呢？天文学家正在密切关注这类事件发生的可能，并将会及早作出预报，提出相应的对策措施。

4. 层次分明——天文学研究的对象和内容

天文学所研究的对象涉及宇宙空间的各种星星和物体，大到月球、太阳、行星、恒星、银河系、河外星系以至整个宇宙，小到小行星、流星体以至分布在广袤宇宙空间中的大大小小尘埃粒子。天文学家把所有这些星星和物体统称为天体。从这个意义上讲，地球也应该是一个天体，不过天文学只研究地球的总体性质而一般不讨论它的细节。另一方面，人造卫星、宇宙飞船、空间站等人造飞行器的运动性质也属于天文学的研究范围，可以称之为“人造天体”。

我们可以把宇宙中的天体由近及远分类为几个层次：

(1) 太阳系天体：包括太阳、行星、卫星、小行星、彗星、流星体及行星际介质等。

(2) 银河系中的各类恒星和恒星集团：包括变星、双星、聚星、星团、星云和星际介质。

(3) 河外星系，简称星系，指位于我们银河系之外、与我们银河系相似的庞大的恒星系统，以及由星系组成的更大的天体集团，如双星系、多重星系、星系团、超星系团等。此外还有分布在星系与星系之间的星系际介质。

天文学还从总体上探索目前我们所观测到的整个宇宙的起源、结构、演化和未来的结局，这是天文学的一门分支学科——宇宙学的研究内容。

天文学按照研究的内容可分为天体测量学、天体力学和天体物理学三门分支学科。

天体测量学是天文学中发展最早的一个分支，它的主要内容是研究和测定各类天体的位置和运动，建立天球参考系等。利用天体测量方法取得的观测资料，不仅可以用于天体力学和天体物理研究，而且具有应用价值，比如用以确定地面点的位置。目前，天体测量的手段已从早期单一的可见光波段，发展到射电、红外等其他电磁波段，精度也不断提高，并且从地面扩展到空间，这就是空间天体测量。

天体力学主要研究天体的相互作用、运动和形状，其中运动应包括天体的自转。早期的研究对象是太阳系天体，目前已扩展到恒星、星团和星系。牛顿万有引力定律和运动三定律的建立奠定了天体力学的基础，使研究工作从运动学发展到动力学。因此，实际上可以说牛顿是天体力学的创始人。今天，我们可以准确地预报日食、月食等天象，和天体力学的发展是分不开的。

天体物理是天文学中最年轻的一门分支学科，它应用物理学的技术、方法和理论，来研究各类天体的形态、结构、分布、化学组成、物理状态和性质以及它们的演化规律。18 世纪赫歇尔开创恒星天文学可谓天体物理学的孕育时期。19 世纪中叶，随着天文观测技术的发展，天体物理成为天文学一个独立的分支学科，并促使天文观测和研究不断作出新发现和新成果。就其研究内容来说，有太阳物理、太阳系物理、恒星物理、银河系天文、星系天文、宇宙化学、天体演化及宇宙学等；就其研究方法而言又可分为实测天体物理和理论天体物理。

5. 天文普及机构——天文馆

天文馆是以传播天文知识为主的科学普及机构，通过展览、讲座和天象仪的表演，以及编辑天文书刊等不同形式进行普及宣传。天文馆还建立小型天文台，进行具体观测，组织天文小组活动，培养青年天文爱好者，磨制小型光学望远镜，制作其他天文教学用具等。此外，天文馆还建立气象台、太阳能利用设施等，普及同天文学有关的其他自然科学知识。天文馆的仪器设备以天象仪为主，它可以表演地球上任何地点的古往今来的星空，还可以表演日食、月食、彗星、流星雨、太阳系鸟瞰、大气现象和宇宙航行中所看到的景色。世界上第一所天文馆是 1923 年在德国慕尼黑建立的。中国第一所天文馆是 1957 年建立的北京天文馆。

天文馆除开展普及天文知识，进行天文学宣传教育外，还进行天文观测和从事一定的天文学研究工作。近些年来建立的天文馆，都开展了天文学和相关学科的普及活动，有发展成为综合性宇宙科学馆的趋势。

天文馆最多的国家或地区为美国、德国、法国、加拿大、意大利、巴西、西班牙、瑞典、澳大利亚和日本。

6. 纷至沓来——中国近代天文学的发展

1543 年哥白尼《天体运行论》一书的出版，标志着近代天文学的开端。清代刊行的《西洋新法历书》以第谷天文学说为基础，同时也介绍了托勒密、哥白尼、开普勒、伽利略及古希腊和中世纪的一些重要的天文学家。但是，当时哥白尼的学说是作为错误的理论加以介绍的，直至 18 世纪中叶，传教士蒋友仁才肯定哥白尼学说。总的说来，明末和清代的中国学者学习、研究的西方天文学主要是第谷体系。

中国学者真正了解近代天文学，是在 1859 年李善兰与英国人伟烈亚力合译《谈天》以后。《谈天》原名《天文学纲要》（Outlines of Astronomy），是英国天文学家赫歇耳的一本通俗名著，全书不仅对太阳系的结构和运动有比较详细的叙述，而且介绍了有关恒星系统的一些内容。

最早在中国建立近代天文机构的是帝国主义列强。1873 年，法国天主教会在上海建立徐家汇天文台，开展天文、气象和地球物理等综合性观测和研究工作，同时为各国海运和中外商界提供气象和时间等服务。1900 年建立佘山天文台，配置了当时亚洲最大的 40 厘米折射望远镜，开展星团、星云、双星、新星、太阳和彗星等的观测研究工作。1894 年，日本侵占台湾，在台北建立测候所。1900 年德国在青岛设立气象天测所，1911 年改名为青岛观象台，第一次世界大战时被日本占领。1922 年，随着青岛主权的回归，被北洋政府接管，二战时又被日本侵占，1945 年为国民政府接管，青岛观象台先后从事过实用天文、方位天文、编历、太阳、小行星、星团、恒星、星云、宇宙构造等观测和研究工作。

1911 年辛亥革命后，中国于 1912 年采用世界通用的公历，但保持了传统特色，以“中华民国”纪年。当时的北洋政府将钦天监更名为中央观象台，其工作只是编日历和《观象岁书》（即天文年历）。紫金山天文台建成后，中央观象台改为天文陈列馆。

1919 年五四运动以后，随着科学和民主思潮的发展，中国天文学界开始活跃起来。1922 年 10 月 30 日，中国天文学会在北京正式成立，随后创立《中国天文学会会报》。1926 年广州中山大学数学系扩充为数学天文系，于 1929 年建立天文台，1947 年成立天文系。

1927 年 4 月蒋介石在南京另立"国民政府"，成立"时政委员会"，以编制、颁布国民历。1927 年 7 月，成立观象台筹备委员会。1928 年成立天文研究所，首任所长高鲁选择紫金山作为天文台台址。先后建成子午仪、赤道仪、变星仪等天文观测仪器。1934 年紫金山天文台正式建成。抗日战争开始后，于 1938 年迁往昆明，在凤凰山建立观测站。根据 1936 年天文研究所的章程规定，其工作主要有下列各项：观测天体方位，以从事理论天文学研究；观测天体形态、光度、光谱，以从事天体物理学之研究；编历授时；测量经纬度及子午线；编撰天文学图书；答复政府及社会对于天文问题之咨询。

上述天文机构积极参与国际联合观测，同时进行资料交换。严格说来，青岛观象台和徐家汇、佘山天文台的工作都不能归入中国天文学之列，只有紫金山天文台是第一个真正由中国人独立创建起来的天文台。应特别指出的是，中国近代天文学事业的发展，与留学归国人员的努力是分不开的。如高鲁、秦汾、朱文鑫、余青松、王士魁、李珩、吴大猷、沈睿、周培源、张云、张钰哲、程茂兰、潘璞、戴文赛、赵讲义、赵却民等。他们引进西方现代天文学，使天文彻底洗脱了在中国古代被赋予的官方性、政治性和神秘性，成为现代科学体系中的一门分支学科；建立起中国自己的天文研究机构，为中国现代天文事业的进一步发展奠定了基础；在大学设立天文系等天文教育机构，开展天文教育工作，使中国天文学事业后继有人；创办天文学学术刊物和普及性刊物，建立学术团体，扩大了中国天文学的群众基础和社会影响；在国内、外学术刊物上发表研究论文，提高了中国天文学在国际上的地位。

中华人民共和国成立后，中国科学院接管了原有的各天文机构，进行了调整和充实：将佘山天文台和徐家汇天文台先划归紫金山天文台领导，后合并为独立的上海天文台；将昆明凤凰山观测站划归紫金山天文台领导。1958 年开始，在北京建立了以天体物理研究为主的综合性天文台——北京天文台。1966 年起，建立了以时间频率及其应用研究为主的陕西天文台。1975 年起，把昆明凤凰山观测站扩建成大型综合性的云南天文台。1958 年在南京建立了南京天文仪器厂。

在天文教育方面，1952 年广州中山大学的天文系和济南齐鲁大学天算系（成立于 1880 年）中的天文部分集中到南京，成为南京大学天文系。1960 年北京师范大学设天文系。同年北京大学地球物理系设天体物理专业。

1957 年 1 月，中国科学院成立中国自然科学史研究室（1973 年扩大为自然科学史研究所），内设天文史组，专门研究中国天文学遗产。

1957 年建成北京天文馆，在普及天文知识方面起着重要作用。

为了繁荣和推进天文科学，中国天文学会于 1953 年开始出版了《天文学报》。北京天文馆于 1958 年创刊《天文爱好者》月刊，大力传播天文科学知识。

至 1978 年，中国从无到有地建立了射电天文学、理论天体物理学和高能天体物理学以及空间天文学等学科，填补了天文年历编算、天文仪器制造等空白，组织起自己的时间服务系统、纬度和极移服务系统（见国际时间局、国际纬度服务、国际极移服务），在诸如世界时测定、光电等高仪制造、人造卫星轨道计算、恒星和太阳的观测与理论、某些理论和高能天体物理学的课题以及天文学史的研究等方面取得不少重要的成果。

在改革开放的新形势下，中国天文学突飞猛进。天文台、站的建设与装备，天文研究，天文教育，天文普及方面都出现了前所未有的崭新面貌。

我国的天文机构，在 20 世纪 80 年代初即已形成五台（紫金山天文台、上海天文台、北京天文台、云南天文台、陕西天文台），一厂（南京天文仪器厂），三系（南京大学天文系、北京师范大学天文系、北京大学地球物理系天文专业），三室（中国科学技术大学天体物理研究室、高能物理研究所高能天体物理研究室、自然科学史研究所数学天文学史研究室），四站（武昌时辰站、乌鲁木齐天文站、长春人造卫星观测站、广州人造卫星观测站）和一馆（北京天文馆）。

近年来，这些机构在装备上有了飞速的发展。北京天文台 1984 年建成了由 28 面 9 米天线组成的米波综合孔径射电望远镜；1986 年建成了太阳磁场望远镜；1988 年建成了 1.26 米红外望远镜；1989 年安装了我国最大的光学望远镜——2.16 米望远镜；1987 年上海天文台建成了 1.56 米天体测量望远镜和天线口径为 25 米的甚长基线干涉仪站；1990 年紫金山天文台在青海德令哈安装了 13.7 米口径的毫米波望远镜；1994 年乌鲁木齐天文站建成天线口径为 25 米的甚长基线干涉仪站。这些望远镜都装备有先进的辐射探测器和终端设备，自适应光学、光干涉、光导纤维等新技术开始应用于天文观测。这一系列观测设备的建成使我国天文观测能力发生了根本的变化。这些设备是我国自行研制的，其中，太阳磁场望远镜已达到世界领先水平，2.16 米望远镜的建成使我国拥有了远东最大的光学望远镜。

我国的天文研究取得了许多重要成果。在天体测量研究方面，1986 年陕西天文台建成了高精度长波授时台。地球自转参数测定实现了由经典仪器向人工激光测距仪和甚长基线干涉仪等现代化仪器的过渡。星表研究成为我国天体测量的一项有特色的研究，既满足了国内大地测量的要求，又为FK5作出了贡献。地球自转研究同地球动力学结合起来，发展成为天文地球动力学。

在天体力学研究方面，突出发展了人造卫星动力学和小行星运动研究。一方面组织人造卫星观测任务，另一方面发展精密定轨和轨道改进技术及理论，两方面都取得了新进展。

在太阳物理研究方面，在21周和22周太阳活动峰年期间组织了多次联合观测，组织和参与了“日不落”连续太阳磁场国际合作观测，取得了大批有价值的耀斑资料，还发现了毫秒级射电爆发许多特征，增长了对太阳活动规律的认识，成功地进行了太阳活动预报。此外，还成功地组织了多次日食观测，取得了大量宝贵资料。

在恒星物理研究方面，发现了许多耀斑、共生星、行星状星云、超新星和一些有趣的恒星活动现象。在恒星对流和中子星类别方面提出了有特色的理论，在激烈活动天体的研究中，做了许多有意义的工作。

在星系和宇宙学方面，发展了搜索类星体候选天体的技术，成功地发现了大量类星体候选天体。

在观测宇宙学方面完成了许多有价值的工作。

进一步密切与国际天文界的联系，加强了国际合作。1982年来，国际天文联合会（IAU）每届大会，中国天文学家都组团参加，叶叔华院士当选为20届、21届IAU执委会副主席，数十人担任各专业委员会委员，有多人担任专业委员会主席。在我国举办了一系列重要国际学术会议。各天文台积极组织或参与了多次国际联合观测，成为国际合作中不可或缺的伙伴。1989年，建立了世界数据中心中国中心天文学科中心。

7. 学术团体——中国天文学会

中国天文学会成立至今已经八十多年了。八十多年来，在老一辈天文学家和全国会员的努力下，逐步使学会成为团结全国天文界的核心组织。今天的中国天文学会是具有凝聚力和影响力、在国内外科学技术界具有重要地位的学术团体。

1）中国天文学会的创立

早在1915年，我国天文界的老前辈就酝酿成立中国天文学会，经过7年的努力，于1922年10月30日在北京古观象台正式宣布成立中国天文学会，并设会所于北京古观象台。1932年会所迁至南京，挂靠于中国研究院天文研究所（紫金山天文台前称）之下。1949年后，中国天文学会先后由中国科联和中国科协领导，并挂靠在中国科学院紫金山天文台下，直到现在。

2）中国天文学会的组织机构

学会的组织机构是根据学科发展和学会章程的修改而变动的。几乎每届年会都有修改。

学会历届大会及理事会：从1922年到1998年学会共召开32届年会（或大会），选举产生了累计35届评议会。

学会自成立到第十七届年会，都是集中于某地召开。1942年后因战事，改年会为分区召开，有时则采取通信方式改选理事会，这也就是年会届数与理事会届数不一的原因。

3）中国天文学会的主要工作和活动

（1）学术活动。

学会的生命力在于学术活动，学会十分注重组织本会会员的学术活动。最近几年来每年均组织15次以上的国内外学术会议。会议收到的这些论文内容包括天文学的各个学科，涉及当今世界天文学众多前沿课题，充分展示出我国天文事业的发展和成就。

（2）天文普及活动。

中国天文学会十分重视天文普及工作。为更好地开展天文普及工作，特设置“天文普及工作委员会”，在其属下还组织有“天文爱好者联谊会”，在全国范围内开展天文知识普及工作。

（3）天文教育及青年天文工作者联谊会活动。

中国天文学会十分重视天文教育和青年天文学家的成长。现在国内有3所大学招收天文学的大学生，有6所大学、5个天文台和天文仪器研制中心招收研究生，还有若干个博士后流动站。为了创造条件让年青的一代迅速成长，学会成立了以研究生为核心的“青年天文工作者联谊会”。学会还优先推荐青年天文学者出席国内外学术会议，使他们开阔眼界、增长才干、提高水平。为让他们有更多机会参与学会工作，在理事会、专业委员会正、副主任中青年人均占有三分之一席位。为鼓励年轻人多出成果，学会特设置“青年优秀论文奖”并积极推荐人选参加中国科协“优秀青年科技奖”的评奖活动。此外，为普及天文教育，学会还积极向教育部建议在师范学校开设天体物理课程，在中、小学的课程中增加天文知识等。

（4）天文学名词编译与审定。

中国天文学会的“天文学名词审定工作委员会”自1983年组建以来，负责天文学名词审定和各种天文学词汇编辑工作，成绩显著，至今已编译审定出版了《天文学名词》、《俄汉天文学词汇》等，这些均得到各有关部门嘉奖以及国内外同行的赞赏。

（5）天文刊物。

中国天文学会自成立以来曾出版过《观象汇刊》、《中国天文学会会报》、《年报》、《宇宙》、《中国天文学会会员通讯》、《大众天文》，1933年还汇编《中国天文学丛书》一套。1953年《天文学报》创刊，1958年《天文爱好者》杂志出版，1981年《天体物理学报》和1987年《天文学进展》出版。现在这四种刊物与世界上二百多个国家和地区建立了书刊交换关系。1982年、1992年还相继出版了图文并茂的《中国天文学在前进》，以纪念中国天文学会成立六十、七十周年。另外还不定期地出版“会讯”，向全国会员通报学会的主要活动情况。

（6）参加IAU的各项活动、推荐IAU会员。

中国天文学会十分注重与IAU的联系，自1979年以来，每届IAU大会中国天文学会都组团参加。1982年IAU第18届大会上，我国有8位天文学家分别被选为9个专业委员会组织委员；1985年IAU第19届大会上有14位天文学家分别被选为15个专业委员会的组织委员；1994年IAU第21届大会上有15位天文学家分别被选为15个专业委员会的组织委员。1988年IAU第20届大会上，叶叔华被选为IAU副主席，1994年艾国祥被选为第10组专业委员会的副主席。

几年来，学会还邀请了IAU执委会成员访华，接待过IAU执委会会议。通过这些往来，增强了相互了解，交流了工作经验，加强了合作关系。

（7）推动国际天文交流与合作。

中国天文学会十分重视推动中国天文研究与国际上的交流与合作，除积极组团参加IAU大会及IAU的各种学术会议以外，还举办过多次中德、中日、中印等双边系列研讨会以及多址联测国际会议、亚太地区天文教育研讨会、国际青年天文学家暑期讲习班、国际空间年学术研讨会、国际性VLBI观测研讨会、太阳峰年国际联合观测与研究工作研讨会、日食观测和研究工作研讨会以及国际天体物理暑期讲习班等。还经常邀请和接待国际天文同行来华访问、讲学和合作研究。这种种频繁的交流与合作，既显示了我国天文学所取得的成就，同时也吸取国际上的先进成果与经验，促使我国的天文研究向更高水平发展。

（8）加强与台港澳地区天文同仁的交流与合作。

近几年来，学会与台港澳地区天文同仁的友好往来增多，除了组团参加台港澳天文学会组织的学术会议，还邀请台港澳同行参加学会举办的各类天文会议，并进行了多项课题的合作研究。学会每年举办多期天文夏令营、各种庆祝活动、比赛，台港澳天文同仁也都积极参加。

（9）各种评奖活动。

为使学会工作更有生气、更活跃、更有吸引力，也为了表彰那些兢兢业业为天文事业努力工作并取得优秀成绩的会员，学会设置了下列奖励：

①从事天文工作 40 年以上天文工作者奖（限奖一次）。

②优秀天文服务奖。

③优秀天文科普工作奖。

④优秀学会工作奖。

⑤优秀青年天文学生奖。

⑥张钰哲奖等。

（10）为开展天文活动而进行的基金工作。

为了争取较多的经费以支持日益活跃且内容日益广泛的天文活动，中国天文学会成立了一个基金工作组，负责与海内外的社会贤达进行联络，争取多方赞助，为学会工作创造良好条件。

（11）学会组织工作。

学会除了日常工作和召开常务理事会、理事会例会外，还有两个组织方面的工作：其一是学会的组织建设、会员吸收、章程修改等工作；其二是组织学会的学术活动。

8. 群英荟萃——中国古代著名天文学家

羲和，中国远古时代天文历法学家。

甘德，战国时代天文学家。

石申，战国时期魏国天文学家。

贾逵（30～101），东汉时天文学家、经济学家。

张衡（78～139），东汉时期伟大的天文学家、文学家。

刘洪（约 130～196），东汉末天文学家、数学家。

何承天（370～447），南北朝时期天文学家。

祖冲之（429～500），南北朝时期杰出的天文学家、数学家。

刘焯（544～610），隋朝天文学家。

李淳风（602～670），唐代初期天文学家、数学家。

一行（本名张遂，683～727），唐代著名天文学家和佛学家。

曹士为（生卒年不详），历法家，活动于唐德宗建中年间。

梁令瓒（生卒年不详），唐代天文仪器制造家。

苏颂（1020～1101），宋代天文学家、数学家。

杨忠辅（生卒年不详），宋代天文学家。

郭守敬（1231～1316），元代天文学家。

王恂（1235～1281），元代天文学家、数学家。

邢云路（生卒年不详），明代天文学家。

徐光启（1562～1633），明末杰出科学家、天文学家。

薛凤祚（1600～1680），明末清初数学家、天文学家。

王锡阐（1628～1682），明末清初民间天文学家。

梅文鼎（1633～1721），清代天文学家、数学家。

李善兰（1811～1882），清代天文学家、数学家。

9. 后继有人——中国近现代著名天文学家

高鲁（1877～1947），现代天文学家，中国天文学会创始人，参与紫金山天文台选址。

余青松（1892～1978），现代天文学家，紫金山天文台创建人。

张云（1897～1958），现代天文学家。

李珩（1898～1989），现代天文学家，中国科学院上海天文台首任台长。

陈遵妫（1901～1991），现代天文学家。

张钰哲（1902～1986），现代天文学家，中国科学院紫金山天文台首任台长。

程茂兰（1905～1978），现代天文学家，中国科学院北京天文台首任台长。

戴文赛（1911～1979），现代天文学家，著名天文教育学家，南京大学首任系主任。

黄授书（1915～1977），美籍华人，天体物理学家。

林家翘（1916～今），美籍华人，现代天文学家、物理学家、数学家，星系密度波理论创始人之一。

王绶馆（1923～今），现代天文学家，中国射电天文学开创者之一，中国科学院北京天文台第二任台长。

叶叔华（1927～今），现代天文学家，中国天文地球动力学开创者之一，中国科学院上海天文台第二任台长。

10. 人才济济——古代西方著名天文学家

依巴谷（又译喜帕恰斯，约公元前 190～前 125），古希腊最伟大的天文学家，他编制出 1 025 颗恒星的位置一览表，首次以“星等”来区分星星。他还发现了岁差现象。

亚里士多德（公元前 384～前 332），古希腊著名的天文学家和哲学家。

托勒密（公元 2 世纪），古希腊天文学家、地理学家和数学家，他创立了严密的地心体系，用本轮、均轮结构来解释太阳、月球和行星的运动，该理论被宗教教会所利用，阻碍了科学的发展，一直到 16 世纪哥白尼创立日心说而被现代科学所抛弃。

11. 成说卓著——杰出的业余天文学家

业余从事天文学观测和研究的人称为天文爱好者，其中对天文学事业作出贡献的亦可称为业余天文学家（amateur astronomer）。

天文爱好者是天文事业中一支不可缺少的力量，许多著名的天文爱好者为天文学的发展作出了卓越的贡献，也有许多业余天文学家在后来甚至转变成了专业天文学家。天文爱好者们最为活跃的领域是新星、彗星和变星的经常性观测和发现，还有许多转瞬即逝的天文现象，也十分需要天文爱好者的配合。以下列举一些历史上卓有成绩的业余天文学家的事迹，希望对我们的天文爱好者们有所鼓舞。

法国人拉卡尹（1713～1762）：1751～1753 年测定了月球的视差，编制了南天星表，并为 14 个南天星座取名，沿用至今。

英国人普森（1829～1891）：首次提出采用“等级法”研究变星，这一星等体系一直沿用至今。

德国人斯玻勒（1822～1895）：1894 年对大量的黑子观测资料作了统计分析，得出了黑子的纬度分布规律，即“斯玻勒定律”。

英国人哈金斯（1824～1910）：年轻时从事商业，1856 年建造了私人天文台，在那里工作了一生。他是天体光谱学的先驱者，首先把光谱分析应用于恒星研究，并将照相术用于光谱研究；他用多普勒效应测出恒星的视向速度。

英国人罗伯茨（1829~1904）：建筑师，于1885年拍摄了许多张星云和星团的照片，可作为近代星云研究的开端。

英国人弗朗亚斯·贝利（1774~1844）：证券经纪人，仅受过小学正规教育；1836年观测日环食时发现了“贝利珠”现象。他还是英国皇家天文学会的创始人，并任四届学会会长。

美国人巴纳德（1857~1923）：曾是位专业摄影师，后来成为一位出色的观测天文学家。他独立发现了14颗彗星，并发现了对日照，后来被里克天文台和叶凯士天文台聘用，发现了木卫五。他开创了银河照相术。1916年他在蛇夫座发现一颗恒星，被命名为巴纳德星。他幼年几乎未受过正规教育，靠自学和辛勤观测成了业余天文学家，进而跻身于专业天文工作者的行列。

美国人张德勒（1846~1913）：曾是一位保险统计员，中年时才到哈佛天文台工作。1891年发现了地轴摆动的12个月和14个月的两种周期，后者称为“张德勒”摆动。

法国人弗拉马利翁（1842~1925）：新闻工作者，后来成为最杰出的天文普及工作者，著作《大众天文学》风靡一时，是一部重要的天文科普著作。他创立了私人天文台，并进行了行星表面观测。1887年他创立了法国天文学会。

英国人威廉·赫歇尔（1738~1822）：曾是一位乐师，生活清贫，勤奋好学，自己动手制作望远镜，成功地观测了星云、土星光环、月球表面、太阳黑子，尤其是他发现了天王星。他编制了数以百计的双星表，并编制星云和星团表，包括了2 500个星云和星团。1821年成为英国皇家天文学会第一任会长。

12. 天文巨匠——僧一行

唐代高僧一行，俗名张遂。公元683年生于陕西武功县。张遂少年时，家境贫寒，但他刻苦好学，尤其酷爱天文学。青年时代，他求师访学，成为长安城有名的青年学者，随后又出家为僧，取法名一行。在河南嵩山、浙江天台山潜心学习佛教经典和天文学，成为远近闻名的高僧。公元717年，唐玄宗硬请他回长安，但一行拒绝还俗为官，执意在华严寺研究佛学。公元721年，他被当时日食预报不准确之事所触动，决定停止对佛学的研究，受命于唐玄宗，主持修订历法，从此一心苦研天文学。

他向唐玄宗进言，要改革历法，必先进行天文观测，一行来到当时的天文历法机关——太史监，发现原有的天文测量仪器破旧不堪。为了尽快开展恒星观测工作，他与人合作制造了黄道游仪的水运浑象仪等仪器。公元724年，一行主持了全国几个观测点的天文大地测量工作，测得子午线长度为351里80步（132.08千米，比今天所测得的子午线长度略长一些）。一行这一“科学史上划时代的创举”，使中国成为世界上第一个测量出地球子午线长度的国家。

一行在观察和研究古人的恒星资料时，发现恒星位置有移动，他早于西方国家天文学家1 000多年提出了“恒星不恒”的观点。

一行根据当时的天文观测，改进了历法，主编了有名的《大衍历》、《公元大衍历》52卷、《心机算术》、《易论》和《北斗七星护摩法》等书。

公元727年10月一行病逝。唐玄宗亲立一座“大慧禅师塔碑”，以表示对这位功德圆满的高僧的敬意。今天的人们缅怀一行这位伟大的中国古代天文学家，将一颗小行星命名为“一行”小行星。

13. 彗星预言家——恩克

1791年9月23日，德国汉堡一位传教士家中诞生了一个可爱的男孩。他就是著名的德国天文学家J. R. 恩克。恩克从事天文学工作50年，取得了辉煌成就，而使他成名的就是恩克彗星。

1818年12月，靠自学成才的法国天文学家J. L. 庞斯在马赛发现了一颗彗星。翌年1月恩克开始跟踪这颗彗星，并试图计算它的轨道。正巧在10年前（1809年），他在格廷根大学求学时的导师高斯曾提出一种根据三次完整的观察就可确定天体轨道的巧妙方法。恩克运用这一方法，推算出了这颗彗星的轨道是一个不太扁长的椭圆，彗星在此轨道上的运行周期只有3年半。在计算中他发现，这颗彗星和另外三位天文学家默香、赫歇耳以及庞斯分别于1781年、1792年和1805年所观察到的三颗彗星竟是同一颗星。于是他大胆预言，这颗彗星将于1822年返回近日点附近，并再次被人们观察到。预言应验了，人们果真在这一年重新观测到了这颗彗星，于是将它命名为恩克彗星。

由于这一发现，恩克一举成名。

14. 剑指星空——伽利略

1604年，天空中出现了一颗耀眼的新星。这一宇宙壮观激起了意大利科学家伽利略的极大兴趣。遗憾的是那时望远镜还没发明，伽利略只好凭肉眼观测。1609 年伽利略获知一个荷兰眼镜商发明了望远镜，他凭着自己深厚的物理学功底，对眼镜商的望远镜进行了改造，研制观天望远镜。他制成的第 3 架天文望远镜竟可以放大 33 倍。

1609 年 8 月，伽利略把望远镜指向了星空，这一举动使他成为世界天文史上第一个用望远镜观测星空的人。他观测了月亮和银河，又借助云雾减弱太阳光线，观测了太阳。望远镜使伽利略眼界大开，他发现肉眼观测到的月亮上的阴影，原来都是些大大小小的坑穴和大片的“海”（现代天文学证明，这“海”其实是平原）；白茫茫的银河是由一颗颗密密麻麻的星星构成的；太阳表面还有一些大小不等的黑色斑点（后来称“太阳黑子”）。1610 年 1 月伽利略从望远镜中发现木星附近有 3 个小光点，它们几乎在同一条直线上，一颗在木星右边，两颗在木星左边。奇怪的是，这些小光点有时变成 4 颗，有时只剩下 2 颗。伽利略一连几夜细心观察并详细记录，终于弄明白，原来那是 4 颗木星卫星。1610 年 9 月，伽利略又从望远镜中观测到金星也像月亮一样，时圆时缺，原来这是金星围绕太阳运行的结果。

用望远镜观测星空的结果，使伽利略更加确信哥白尼日心地动说是正确的，他把自己的这些天文新发现写成了一个小册子——《星际使者》。作品发表后在世界上引起了巨大轰动。尽管当时保守的教会竭力反对伽利略的观点，甚至有人拒绝使用望远镜观测星空，但仍无法阻止伽利略和他的望远镜享有拉开人类天文学新纪元序幕的殊荣。

15. 声名鹊起——赫歇耳和他的反射望远镜

从伽利略发明了天文望远镜之后，相当长一段时期里人们都是用折射望远镜观测天文，为了提高望远镜的放大率，人们不断加长折射望远镜的镜身，最后长得难以使用。于是，人们萌发了制造反射望远镜的念头。

第一个提出反射望远镜方案的是英国数学家 J. 格雷戈里；第一个亲手制造反射望远镜的是英国科学家牛顿；第一个制造出能用于专业观测反射望远镜的是英国数学家 J. 哈德利；然而代表着早期反射望远镜最高成就的是赫歇耳和他的反射望远镜。

英国人 W. 赫歇耳（1738～1822）原是位音乐家，但他酷爱观测星辰。由于穷困，他无力购买望远镜，只好自己动手磨制天文望远镜。据说有一次他一边磨一边听妹妹读书，连吃饭都由妹妹喂，一口气竟磨了 16 小时。功夫不负苦心人，他终于在 1774 年制出了他的第一架反射望远镜：口径 15 厘米，镜长 2.1 米（现保存在大英科学博物馆）。接着他又磨制了口径达 22.5 厘米、镜身 3 米和口径 45 厘米、镜身 6 米等一系列更大更好的反射望远镜。1781 年 3 月 13 日，赫歇耳用他的反射望远镜发现了一颗新行星——天王星，这一发现使他从一个音乐家一下子成为举世闻名的天文学家。

1786 年赫歇耳编出了包括 2 500 个星云的星表。天王星的发现和天文学上的成就更激发了他磨制望远镜的热情。英国国王乔治二世慷慨解囊，提供 2 000 英镑资助他。1789 年底，赫歇耳制成口径 122 厘米、长 12.2 米的巨型望远镜。这架庞然大物安装在一个巨大的木架上，像一尊指向天空的巨炮。这架巨型望远镜投入观测的第一夜，赫歇耳就发现了土卫 1 和土卫 2，还发现了大量双星、星团和星云。

1822 年赫歇耳去世。1839 年这架巨炮似的巨型反射望远镜被人们从支离破碎的木架上放倒，目前保存在胡斯天文台的花园中，成为早期天文学的历史见证。

赫歇耳和他的望远镜使人类的探测能力首次超出了太阳系之外，到达了恒星世界。

16. 崭新思路——电脑里的天体实验室

自古以来，天文学家的实验室就是浩瀚的宇宙。天文学家只能凭借观测天体和利用观测资料来研究天体，因为地球上最大最先进的实验室也不可能研制出一颗庞大的天体来。更何况，天体的演变过程又相当漫长，根本不可能在实验室里对天体演化做实验研究。一句话，实验研究与天文学毫不相干。

但是，自 20 世纪 40 年代电子计算机问世后，原来只是天方夜谭的天体实验研究变成了现实，从此结束了以观测为获得天文学知识和天文学研究的单一手段的历史。计算机成为天文学研究的强有力的实验手段。一门崭新的学科——实验恒星动力学从此载入了天文学的史册。

当然我们这里说的实验，与通常意义上的物理实验或化学实验不同，而是计算机模拟。什么是计算机模拟呢？这就是从天文学基本理论（如牛顿方程、牛顿万有引力定律等）出发，利用计算机作为实验手段，模拟天体系统，如星团、星系、星系团或整个宇宙等，对天体系统作动力学研究。之所以把计算机模拟说成实验研究，是因为计算机能显示出恒星系统的起源和演化，以及其他的物理学和动力学特征；能用计算机的图像展示恒星系统不同时间的变化，就如同直观看到恒星系统的形成和发展一样。

恒星之间在万有引力作用下，形成一个引力场，每一颗星都运动在引力场内。这个庞大的多体系统是个极为复杂的动力学体系，这就是300多年来天文学家一直在研究的引力 N 体问题（又称多体问题），但进展十分缓慢。自从计算机用于 N 体问题计算机模拟学科，即实验恒星动力学，恒星系统的动力学研究大大向前迈了一步。把模拟结果和观察结果紧密结合起来，加以比较研究，为观测天文学开拓了新的思路。

17. 一飞冲天——“嫦娥一号”

“嫦娥一号”月球探测卫星由中国空间技术研究院承担研制，以中国古代神话人物嫦娥命名。中国首次月球探测工程“嫦娥一号”卫星是中国自主研制、发射的第一个月球探测器。“嫦娥一号”主要用于获取月球表面三维影像、分析月球表面有关物质元素的分布特点、探测月壤厚度、探测地月空间环境等。“嫦娥一号”运行在距月球表面200千米的圆形极轨道上，计划绕月飞行一年。执行任务后将不再返回地球。“嫦娥一号”发射成功，使中国成为世界第五个发射月球探测器的国家、地区。

“嫦娥一号”月球探测卫星由卫星平台和有效载荷两大部分组成。嫦娥一号卫星平台由结构与机构、热控制、制导、导航与控制、推进、数据管理、测控数传、定向天线和有效载荷等9个分系统组成。这些分系统各司其职、协同工作，保证月球探测任务的顺利完成。星上的有效载荷用于完成对月球的科学探测和试验，其他分系统则为有效载荷正常工作提供支持、控制、指令和管理保证服务。

“嫦娥一号”上搭载了8种24台科学探测仪器，重130千克，即微波探测仪系统、γ射线谱仪、X射线谱仪、激光高度计、太阳高能粒子探测器、太阳风离子探测器、CCD立体相机、干涉成像光谱仪。

北京时间2007年10月24日18时05分，“嫦娥一号”探测器从西昌卫星发射中心由“长征三号甲”运载火箭成功发射。卫星发射后，用8~9天时间完成调相轨道段、地月转移轨道段和环月轨道段飞行。经过8次变轨后，于11月7日正式进入距月球表面200千米的工作轨道。11月18日卫星转为对月定向姿态，11月20日开始传回探测数据。2007年11月26日，中国国家航天局正式公布“嫦娥一号”卫星传回的第一幅月面图像。

任务与目标

中国首次月球探测工程四大科学任务：

（1）获取月球表面三维立体影像，精细划分月球表面的基本构造和地貌单元，进行月球表面撞击坑形态、大小、分布、密度等的研究，为类地行星表面年龄的划分和早期演化历史研究提供基本数据，并为月面软着陆区选址和月球基地位置优选提供基础资料等。

（2）分析月球表面有用元素含量和物质类型的分布特点，主要是勘察月球表面有开发利用价值的钛、铁等14种元素的含量和分布，绘制各元素的全月球分布图，月球岩石、矿物和地质学专题图等，发现各元素在月表的富集区，评估月球矿产资源的开发利用前景等。

（3）探测月壤厚度，即利用微波辐射技术，获取月球表面月壤的厚度数据，从而得到月球表面年龄及其分布，并在此基础上，估算核聚变发电燃料氦-3的含量、资源分布及资源量等。

（4）探测地球至月球的空间环境。月球与地球平均距离为38万公里，处于地球磁场空间的远磁尾区域，卫星在此区域可探测太阳宇宙线高能粒子和太阳风等离子体，研究太阳风和月球以及地球磁场磁尾与月球的相互作用。

重大意义

“嫦娥一号”探月卫星发射成功在政治、经济、军事、科技乃至文化领域都具有非常重大的意义。

从政治领域来看，“嫦娥一号”发射成功体现了中国强大的综合国力以及相关的尖端科技，是中国发展软实力的又一象征，表明了中国在有效地掌握和利用太空巨大资源、实现科研创新、凝聚民心、增强国家竞争力等一系列远大目标的决心与行动。还意味着在国际空间开发和探测上，中国将占有一席之地并且具有发言权。这也是中国在发射“嫦娥一号”探月卫星后，要求成为国际空间站第17个成员国的原因所在。

从经济领域来看，将带动信息、材料、能源、微机电等其他新技术的提高，对于促进中国社会经济的发展和人类社会的可持续发展具有重要意义。随着我国空间技术的进步和深空探测的深入，对相关材料的需求必将促进相关行业、产业得到更大的发展。同时，月球上特有的矿产资源和能源是对地球上矿产资源的补充和储备，将对人类社会的可持续发展产生深远的影响。月球表面具有极其丰富的太阳能，月壤中蕴藏的丰富的氦-3也能提供新型核聚变的材料，应用前景广阔。

从军事领域来看，表明我国的导弹打卫星和激光摧毁卫星的技术已经日臻成熟。虽然这次“嫦娥一号”卫星没有携带任何与军事有关的设备，但是中国的运载火箭可以在发射出现故障时实施紧急关机，飞船和卫星可以在外太空实施数次变轨，当卫星发生故障，可以用弹道导弹或者激光予以摧毁，表明我国如果要在外太空实现军事用途也并非难事。

从科技领域来看，将促进中国航天技术实现跨越式发展和中国基础科学的全面发展。月球探测将推进宇宙学、比较行星学、月球科学、地球行星科学、空间物理学、材料科学、环境学等学科的发展，而这些学科的发展又将带动更多学科的交叉渗透。目前中国科学家对月球的了解和认识往往依赖于他国提供的材料，这样就丧失了许多研究月球的机会。

从文化领域来看，“嫦娥一号”的发射成功具有重要的启蒙意义。探月给人类本身带来了社会发展理念的“颠覆性改变”，人类第一次将思维与身躯同时挣脱地心引力的束缚，进入到地球以外的无限宇宙空间中，实地接触了月球表面，人类之前所摸索出的各种科学理论得到部分验证或反证。人类文明编年史从国家疆域、地球视野进入到“光速世界”，堪称又一大跨越。

第三篇 问鼎太空——趣味太空百科

第一节 科学前沿——宇宙研究

1. 空穴来风——宇宙消亡时间表

宇宙会消亡吗

从理论上讲，宇宙有诞生，就有消亡。至于宇宙如何消亡，现在还只能是推测。如果宇宙永远膨胀，由于大质量恒星死亡后成为黑洞，宇宙中的黑洞越来越多，它们会吞食掉宇宙中几乎所有的物质。如果宇宙转而收缩，随着温度的不断升高，包括恒星在内的各种天体都会逐渐解体，黑洞则趁机饱食一顿，吞食到几乎所有的位置，最后黑洞火并，整个宇宙就会成为一个大黑洞。

当然在上述两种情况中，总会有少许物质会幸存下来，没有被黑洞吞食。根据斯蒂芬·霍金等人的理论，黑洞会逐渐蒸发为电子和光子等基本粒子。

同时，科学家还认为，质子也会衰变为反电子和γ射线光子。质子是各种原子核的主要成分，质子的衰变，就是各种物质的瓦解。因此，没有被黑洞吞食的少许物质，也会成为电子和光子。

由黑洞蒸发的电子，与质子衰变的反电子，它们相遇湮灭为能量和光子，这样，宇宙就最后坍缩了、消亡了。

能找到宇宙消亡的证据吗

宇宙消亡的最后标志是黑洞的蒸发殆尽和质子衰变使各种物质瓦解。

黑洞的最后蒸发，目前还无法用实验去验证。但科学家认为，质子是否衰变，现在则可以用实验去检验。

曾经有人认为，质子衰变所需要的时间为10^{28}年。这样，在10^{28}个质子中（在10千克物质中就包含有这么多质子），每年应有1个质子发生衰变。但后来这个衰变时间被实验否认了。

还有人认为，质子衰变的时间应为10^{30}到10^{32}年，这个推论目前是可以用实验检验的。

检验的办法是，将足够数量的水，用水槽放在数百米深的地下（以排除各种干扰因素），在水槽四周设置大量探测仪器，探测质子的衰变反应，质子衰变时产生一个反电子和一个中性π介子。π介子很快又衰变为两个γ射线光子，光子遇到水物质的原子核，会产生能量很高的正、反电子对，因而可以被探测到。如果水的数量在10 000吨以上，每年应观测到1次以上质子衰变。有的人认为，质子衰变时间为10^{80}年，甚至更长，那就超出检验的范围了。

宇宙到消亡还有多长时间

宇宙还有多长时间才消亡？这还纯粹是一个揣测的问题，简直是虚幻缥缈的揣测！因而，科学家提供的数字很不相同。

丁·伊思兰在《宇宙的最终命运》（1983年出版）一书中提出，10^{31}年后，宇宙将形成一个超巨型黑洞，质量达10^{15}倍太阳质量。

这个超巨型黑洞需要10^{106}年时间才蒸发完，而变成电子和光子。

还有些理论认为，黑洞不可能将所有物质都吞食掉，逃离厄运的物质游离于黑洞之外。不过，这些游离物质因质子衰变而成为反电子和光子，只需要10^{33}年。

有一种理论认为，由黑洞蒸发而来电子和由质子衰变而来反电子，并不是都双双湮灭成能量和光子。它们有的在10^{71}年后双双组成相同绕转的电子对原子（也叫偶电子素）。这些偶电子素每10万年才靠近1厘米，它们相距遥远（直径达几万亿光年），最后相遇湮灭还需要10^{116}年的时间！

只有到这时，即只剩下能量和光子时，才算宇宙最后消亡了。算算看，这是一个多长的时间！

2. 宇宙猜想——奥尔勃斯佯谬

在夜空中闪烁着数不清的星星，与繁星相伴的是暗寂的背景，这个妇孺皆知的事实对于宇宙论却有深刻的含义。1826年，智神星的发现者之一、德国天文学家亨利希·奥尔勃斯关于宇宙作了一系列的假设，即认为宇宙是静止的，并由亮度相仿的恒星构成，如果取相当大的空间范围看时，恒星是近均匀分布的。这些观点就是当时人们头脑中的宇宙。但是奥尔勃斯却指出，从经验上看，这些观点似乎合情合理，但却含有一个惊人的矛盾。

我们先以地球为中心，以任意大为半径取一个三维空间的圆球，在这个圆球内恒星发出的光是一定的。然后将圆球的半径加大一倍，仍以地球为半径取另一个圆球。如果恒星均匀分布，在第二个圆球中恒星的数目是原来球内的4倍（因为体积是原来球的4倍），考虑到离地球远的恒星，其视亮度小于近处的恒星，因此每当圆球的半径增加一倍时，地球上收到的光就增加一倍。

继续这个半径增加的过程，我们会惊奇地发现，随着所考察的圆球半径的增大，夜空的亮度也会无限地增加，而且在任何方向上都增加。当然，远处的恒星会被近处的恒星遮住，但即使是这样，从地球向宇宙的任何方向看去，总会与一颗恒星的光辉邂逅相遇，于是，在夜空中的每一个方向的亮度，都应该与恒星表面的亮度一样，也就是说，夜空应该同耀眼的太阳一样明亮。真实情况怎样呢？我们眼中的夜空是非常暗的，点缀着一些小亮点，这就导致了一个明显的矛盾。这一矛盾被命名为“奥尔勃斯佯谬”。

在奥尔勃斯佯谬提出后，另一位德国天文学家西利格又提出了“引力佯谬”。他认为，如果万有引力定律适用于宇宙的各个地方，那么恒星会受到宇宙中所有其他恒星的引力，或强烈或微弱，但最终的合力将无比巨大，从而将恒星撕成碎片。同样，我们在观测中没有看到这一现象。看来，人们头脑中的宇宙观到了需要改变的时候了。

奥尔勃斯本人试图解决自己提出的难题。他猜想在宇宙中充满着稀薄的气体，气体会吸收恒星发出的辐射，从而使地球上的人们看不到远处的恒星。但是气体在吸收了辐射后温度将升高，最终导致气体本身也会发出辐射，并达到吸收和释放的平衡。因此，奥尔勃斯的解释无法令人信服。对于奥尔勃斯佯谬，救命的稻草就是前面提到的恒星的红移现象。

距离我们越远的恒星，退行的速度越快，因此来自遥远星系的光线往往是高度红移的。光的谱线越向红端移动，它的能量就越低，因此亮度就越低。于是奥尔勃斯佯谬的产生就解释为，远处的恒星发出的光到达地球时，光线的亮度由于红移而变得微不足道了，在夜空中熠熠生辉的是那些距离地球非常近的恒星。

原本是在谈论宇宙是否有中心，却讨论了奥尔勃斯佯谬的解释，这是因为两者是有关系的。我们从地球向宇宙的各个方向看，似乎在不同方向上的恒星数目是大致相等的。随着宇宙知识的不断丰富，人类在某些方面已经开始变得谦虚了，即使宇宙是有中心的，地球也不可能成为群星簇拥的明星。如果宇宙是有中心的，从地球看宇宙就会在某个区域恒星多一些，某个区域恒星少一些。因为恒星在宇宙中大体上是均匀分布的，而地球应该位于宇宙中心的一侧。由于事实是，天空中恒星在近均匀地点缀着夜空，因此我们可以说宇宙是没有中心的。

但对奥尔勃斯佯谬的解释，却会使支持宇宙有中心的人们看到希望。由于恒星的红移，使地球上的人们只能看到宇宙中有限区域内的恒星，因此宇宙也许是有中心的，只是我们的视野不够开阔，看不见宇宙中心的风采。

3. 科学设想——宇宙的四维空间

现在，随着天文学家能够看到的恒星的亮度越来越暗，他们看到的恒星也越来越多。视野的一步步扩展使宇宙无中心论逐渐占了上风。天文学家对宇宙无中心的解释依赖于宇宙膨胀的观点：宇宙的膨胀不是发生在三维空间中，而是发生在四维空间内的。它不仅包括普通的三维空间——长、宽、高，还包括第四维空间——时间。

描述一个四维空间的膨胀是非常困难的，科学家们常常用气球的膨胀来形象地解释。假设宇宙是一个正在膨胀的气球，而众多的星系是气球上的斑斑点点，银河系就是其中之一。这些斑点牢固地粘在气球的表面上，不会离开气球的表面进入气球的内部或跑到外面去。注意，气球的球面是没有中心的，球面上的任意一点的性质都相同。现在开始向气球中不断地注入空气，使气球的表面不断地向外膨胀，那么表面上的每个斑点彼此间离得越来越远，这正是模拟宇宙膨胀和星系退行的情景。在气球上的某一点上的某个人（一个二维的人）将会看到，其他的所有斑点都在退行，而且离得越远的点退行速度越快。让我们回过头去寻找气球表面上的斑点开始退行的地方，我们会发现，它已经不在气球表面的二维空间里了，必须加上时间这一因素，我们才能重新发现它，斑点处在过去的时间和空间中。气球的膨胀实际上是从内部的中心开始的，是在三维空间发生的，而气球上的斑点是在二维空间上，所以二维空间的人不可能探测到三维空间内的斑点，或者说是星系。

同样，在宇宙中，我们生活在三维的空间中，星系在三维的空间内运动，而宇宙开始膨胀的地方是在过去的某个时间，即数百亿年以前，虽然我们可以获得关于宇宙膨胀的蛛丝马迹，但却无法回到那个神奇的时刻。我们处在一个巨大的三维气球的表面，这个表面是没有中心的。

听上去宇宙的膨胀的确难以理解，但我们在日常生活中也不乏这样的智慧。人们在茶余饭后常常相互打趣，“上辈子你肯定没吃饱，这辈子来补一补”，“下辈子我要变成一条鱼”。其实人们都明白，“我”是活在现在的我，而不是活在过去或将来里，正如展现在我们眼前的宇宙是现在的宇宙，而不是过去或将来的宇宙一样。科学无法回答某个人上辈子是什么形态，甚至无法证明人是否有轮回转世。

4. 绝处逢生——宇宙演化研究理论的发展

1911 年，E. 赫茨普龙建立了第一幅银河星团的颜色星等图；1913 年，H. N. 罗素绘出了恒星的光谱－光度图，即赫罗图。罗素在绘出此图后便提出了一个恒星从红巨星开始，先收缩进入主序，后沿主序下滑，最终成为红矮星的恒星演化学说。1924 年，A. S. 爱丁顿提出了恒星的质光关系；1937～1939 年，C. F. 魏茨泽克和贝特揭示了恒星的能源来自于氢聚变为氦的原子核反应。这两个发现导致了罗素理论被否定，并导致了科学的恒星演化理论的诞生。对于星系起源的研究，起步较迟，目前普遍认为，它是我们的宇宙开始形成的后期由原星系演化而来的。

1917 年，阿尔伯特·爱因斯坦运用他刚创立的广义相对论建立了一个“静态、有限、无界”的宇宙模型，奠定了现代宇宙学的基础。1922 年，G. D. 弗里德曼发现，根据爱因斯坦的场方程，宇宙不一定是静态的，它可以是膨胀的，也可以是振荡的。前者对应于开放的宇宙，后者对应于闭合的宇宙。1927 年，G. 勒梅特也提出了一个膨胀宇宙模型。1929 年，哈勃发现了星系红移与它的距离成正比，建立了著名的哈勃定律。这一发现是对膨胀宇宙模型的有力支持。20 世纪中叶，G. 伽莫夫等人提出了热大爆炸宇宙模型，他们还预言，根据这一模型，应能观测到宇宙空间目前残存着温度很低的背景辐射。1965 年，微波背景辐射的发现证实了伽莫夫等人的预言。从此，许多人把大爆炸宇宙模型看成标准宇宙模型。1980 年，美国的古斯在热大爆炸宇宙模型的基础上又进一步提出了暴涨宇宙模型。这一模型可以解释目前已知的大多数重要观测事实。

5. 包罗万象——宇宙图

当代天文学的研究成果表明，宇宙是有层次结构的、物质形态多样的、不断运动发展的天体系统。

层次结构

行星是最基本的天体系统。太阳系中共有八大行星：水星、金星、地球、火星、木星、土星、天王星、海王星。除水星和金星外，其他行星都有卫星绕其运转，地球有一个卫星——月球，土星的卫星最多，已确认的有 17 颗。行星、小行星、彗星和流星体都围绕中心天体——太阳运转，构成太阳系。太阳占太阳系总质量的 99.86%，其直径约 140 万千米，最大的行星——木星的直径约 14 万千米。太阳系的大小约 120 亿千米。有证据表明，太阳系外也存在其他行星系统。2 500 亿颗类似太阳的恒星和星际物质构成更巨大的天体系统——银河系。

银河系中大部分恒星和星际物质集中在一个扁球状的空间内，从侧面看很像一个“铁饼”，正面看去则呈旋涡状。银河系的直径约 10 万光年，太阳位于银河系的一个旋臂中，距银心约 3 万光年。银河系外还有许多类似的天体系统，称为河外星系，常简称星系。现已观测到大约有 10 亿个。星系聚集成大大小小的集团，叫星系团。平均而言，每个星系团有百余个星系，直径达上千万光年。现已发现上万个星系团。包括银河系在内约 40 个星系构成的一个小星系团叫本星系群。若干星系团集聚在一起构成更大、更高一层次的天体系统叫超星系团。超星系团往往具有扁长的外形，其长径可达数亿光年。

通常超星系团内只含有几个星系团，只有少数超星系团拥有几十个星系团。本星系群和其附近的约 50 个星系团构成的超星系团叫做本超星系团。目前天文观测范围已经扩展到 200 亿光年的广阔空间，它称为总星系。

多样性

天体千差万别，宇宙物质千姿百态。太阳系天体中，水星、金星表面温度约 700K，遥远的海王星向日面的温度最高时只有 50 开；金星表面笼罩着浓密的二氧化碳大气和硫酸云雾，约 50 个大气压，水星、火星表面大气却极其稀薄，水星的大气压甚至小于 2×10^{-9} 毫巴；类地行星（水星、金星、火星）都有一个固体表面，类木行星却是一个流体行星；土星的平均密度为 0.70 克每立方厘米，比水的密度还小，木星、天王星、海王星的平均密度略大于水的密度，而水星、金星、地球等的密度则是水的密度的 5 倍以上；多数行星都是顺向自转，而金星是逆向自转；地球表面生机盎然，其他行星则是空寂荒凉的世界。

太阳在恒星世界中是颗普通而又典型的恒星。已经发现，有些红巨星的直径为太阳直径的几千倍。中子星直径只有太阳的几万分之一；超巨星的光度高达太阳光度的数百万倍，白矮星光度却不到太阳的几十万分之一。红超巨星的物质密度小到只有水的密度的百万分之一，而白矮星、中子星的密度分别可高达水的密度的十万倍和百万亿倍。太阳的表面温度约为 6 000 开，O 型星表面温度达 30 000 开，而红外星的表面温度只有约 600 开。太阳的普遍磁场强度平均为 1×10^{-4} 特斯拉，有些磁白矮星的磁场通常为几千几万高斯（1 高斯 $= 10^{-4}$ 特斯拉），而脉冲星的磁场强度可高达十万亿高斯。有些恒星光度基本不变，有些恒星光度在不断变化，称变星。有的变星光度变化是有周期的，周期从1小时到几百天不等。有些变星的光度变化是突发性的，其中变化最剧烈的是新星和超新星，在几天内，其光度可增加几万倍甚至上亿倍。

恒星在空间常常聚集成双星或三五成群的聚星，它们可能占恒星总数的1/3。也有由几十几百个乃至几十万个恒星聚在一起的星团。宇宙物质除以密集形式形成恒星、行星等外，还以弥漫的形式形成星际物质。星际物质包括星际气体和尘埃，平均每立方厘米只有一个原子，其中高度密集的地方形成形状各异的各种星云。宇宙中除发出可见光的恒星、星云等天体外，还存在紫外天体、红外天体、X射线源、γ射线源以及射电源。

星系按形态可分为椭圆星系、旋涡星系、棒旋星系、透镜星系和不规则星系等类型。还发现许多正在经历着爆炸过程或正在抛射巨量物质的河外天体，统称为活动星系，其中包括各种射电星系、塞佛特星系、N型星系、马卡良星系、蝎虎座BL型天体以及类星体等。许多星系核有规模巨大的活动：速度达几千千米每秒的气流、总能量达10^5焦耳的能量输出、规模巨大的物质和粒子抛射、强烈的光变等。

在宇宙中有种种极端物理状态：超高温、超高压、超高密、超真空、超强磁场、超高速运动、超高速自转、超大尺度时间和空间、超流、超导等，为我们认识客观物质世界提供了理想的实验环境。

运动和发展

宇宙天体处于永恒的运动和发展之中，天体的运动形式多种多样，例如自转、各自的空间运动（本动）、绕系统中心的公转以及参与整个天体系统的运动等。月球一方面自转一方面围绕地球运转，同时又跟随地球一起围绕太阳运转。太阳一方面自转，一方面又向着武仙座方向以20千米每秒的速度运动，同时又带着整个太阳系以250千米每秒的速度绕银河系中心运转，运转一周约需2.2亿年。银河系也在自转，同时也有相对于邻近星系的运动。本超星系团也可能在膨胀和自转。总星系也在膨胀。

现代天文学已经揭示了天体的起源和演化的历程。当代关于太阳系起源学说认为，太阳系很可能是50亿年前银河系中的一团尘埃气体云（原始太阳星云）由于引力收缩而逐渐形成的。恒星是由星云产生的，它的一生经历了引力收缩阶段、主序阶段、红巨星阶段、晚期阶段和临终阶段。

星系的起源和宇宙起源密切相关，流行的看法是：在宇宙发生热大爆炸后40万年，温度降到4 000开，宇宙从辐射为主时期转化为物质为主时期，这时，或由于密度涨落形成的引力不稳定性，或由于宇宙湍流的作用而逐步形成原星系，然后再演化为星系团和星系。热大爆炸宇宙模型描绘了我们的宇宙的起源和演化史：我们的宇宙起源于200亿年前的一次大爆炸，当时温度极高、密度极大。随着宇宙的膨胀，它经历了从热到冷、从密到稀、从辐射为主时期到物质为主时期的演变过程，直至10亿~20亿年前，才进入大规模形成星系的阶段，此后逐渐形成了我们当今看到的宇宙。

1980年提出的暴涨宇宙模型则是热大爆炸宇宙模型的补充。它认为在宇宙极早期，在我们的宇宙诞生后10~36秒的时候，它曾经历了一个暴涨阶段。

中国《易经》中的太极其实已经给人们展示了宇宙的形状。

其实宇宙是不应该有边界的，《易经》所云“其大无外其小无内”。宇宙应该是由显性和隐性两种物质构成的，这样就很好解释宇宙了。之所以认为有边界，是因为我们只知有可以看得见的物质而忽略了隐性物质。这个事物的矛盾体其实是我们人类已掌握的宇宙的主要规律。因此，其实宇宙也应该不存在大爆炸和是一个球体的说法。正如一句诗中所讲“不识庐山真面目，只缘身在此山中”，是因为我们在宇宙中的一个很小的位置，我们的科学观测仪器不能浏览到更大的地方，而只观察到一些星系的运行而作出错误的判断。我们其实通过实验可以知道当你在一池水中搅动它会出现很多的旋涡，这些旋涡就像宇宙中的各个旋转的星系。

6．罪魁祸首——万年前彗星爆炸导致气候巨变

证据表明，1.29万年以前，加拿大可能发生过来自宇宙物体的爆炸现象。这次爆炸毁坏了北美的生态系统和史前文化，并引发了长达千年的寒潮。

在墨西哥南部港口城市阿卡普尔科召开的美国地球物理学学会会议上，美国亚利桑那州地球科学咨询机构地球物理学家艾伦·韦斯特和他的同事介绍说，研究人员在对北美26个地方寻找到的样品分析，显示了外来物体影响造成的多个特征。

长期以来，科学家一直关注着这些地方大约在1.3万年前形成的富碳地质层，这些地质层通常只有数毫米厚，下面是更早期的充满猛犸骸骨的地层，而上面则是较晚期的没有化石的沉积物。

美国劳伦斯·伯克利国家实验室科学家、研究合作者理查德·费尔斯通说，从富碳地质层样品中，研究人员获得了大量线索，可证明这些地质层物

质是来自宇宙的。另外，富碳地质层基底为草状碳微块的现象表明，它们可能形成于元素熔化成的液体滴。此外，微块中还含有在高压下形成的纳米级钻石。

韦斯特认为，因为没有发现宇宙物体爆炸留下的巨大烟洞，所以可以认为，当时进入大气层并发生爆炸的极有可能是彗星。研究人员认为，当宇宙物体发生爆炸后，巨大的热量曾导致北美大陆野火四起，同时爆炸产生的热量和冲击波可能融化了覆盖加拿大东部的部分冰川，导致大量淡水流入北大西洋，阻断了海洋的水流，造成地区性气候变暖。而空气中厚厚的烟云和烟灰却可能加剧了北半球的变冷。

7. 寿终正寝——“和平”号空间站坠落南太平洋

2001 年 3 月 23 日，“和平”号空间站飞过了距地 220 千米的太空轨道。俄罗斯地面飞行控制中心的专家在对“和平”号的轨道参数、飞行姿态等信息进行综合分析之后，接连发出了两个制动信号，启动了与“和平”号对接的“进步 M1－5”号货运飞船的发动机。在发动机的反向牵引下，“和平”号的飞行速度陡然下降，巨大的空间站开始快速向下飘落，并逐渐进入了预定的坠落轨道。在“和平”号绕地球飞行的最后两圈内，地面专家发出了最后一个制动信号。刹那间，重达 137 吨的庞然大物脱离了它赖以生存的太空轨道，向着南太平洋轰然坠落……这便是俄罗斯航天专家为“和平”号精心设计的大结局。

“和平”号该退休了！

空间站是在太空轨道组装完成、适于人类长期工作和生活的大型航天器。“和平”号是航天史上第九座空间站，也是迄今为止体积最大、应用技术最先进、设施最完善、太空飞行时间最长的空间站。

1986 年 2 月，由工作舱、过渡舱、服务舱组成的“和平”号基础构件进入太空。在此后的 10 年间，基础构件先后与“量子－1”号和“量子－2”号太空舱、“晶体”舱、“光谱”舱、“自然”舱成功对接，形成了体积约 400 立方米、重 137 吨的人造天宫。

“和平”号在太空翱翔的 15 年中，共接纳了 28 个长期基本考察组和 30 个国际考察组，以及来自俄罗斯、美国、日本等 12 国及欧洲航天局的共 108 名宇航员。这些宇航员共完成了 20 多个科研计划和 2.2 万个科学实验。在此期间，宇航员们进行了 78 次共 359 小时零 12 分的太空行走。俄罗斯宇航员波利亚科夫创造了单次太空停留 437 天的世界纪录。1999 年俄“能源”

火箭航天公司与美国数家信息技术企业联合成立了“和平”公司，利用“和平”号进行商业科学实验、广告等活动。2000 年“和平”公司创收达 2 000 万美元。

然而，就在“和平”号屡创辉煌的同时，生命的终点已向它悄然逼近。“和平”号的设计工作寿命只有五年，按原计划，将开发出“和平 -2”号空间站以接替“和平”号。但是，苏联的解体、国家政策的调整，以及长期处于困境的经济形势，使俄罗斯航天业逐渐陷入窘境，“和平 -2”号一再难产。无奈之下，“和平”号只得继续发挥“余热”，然而，这“余热”已经所剩不多。

据俄罗斯宇航员介绍，近几年，“和平”号一直在与自己的工作寿命相抗争。空间站的“大脑”——中央计算机已老化到了必须完全更换的地步。“和平”号上的蓄电池在新千年到来之际的一个月内，先后两次异常放电，分别导致“和平”号与地面短暂失去联系和空间站局部停电。

1997 年 6 月发生的货运飞船撞穿“和平”号“光谱”舱的事故，不但使该舱被迫关闭，而且给空间站的外壳留下了伤痕，站内气压曾三次因此下降。而 15 年来的宇宙陨石微粒撞击和空间站内部化学物品的腐蚀，已使“和平”号外壳的坚固性下降了约 60%。

据统计，15 年来“和平”号上共发生了约 1 500 次故障，其中近 100 处故障一直未能排除。

如此复杂的局面应当如何应付，俄罗斯航空航天局局长科普捷夫的回答毫不犹豫：让“和平”号坠毁！

史无前例的坠落

为坠毁“和平”号，俄罗斯首先进行的不是技术准备，而是思想准备。因为“和平”号在俄罗斯人的心目中已不仅仅是一座空间站，它是航天实力鼎盛时期的缩影，是国家的骄傲。当 2000 年 12 月俄罗斯政府作出坠毁“和平”号的决定后，很多俄罗斯人竟一时无法接受这个现实。部分航天专家甚至提出了具体的“‘和平’号部件维修更换计划”，俄杜马还通过了“使‘和平’号继续飞行的决议”。在此关头，俄航空航天局局长科普捷夫、“能源”火箭航天公司总设计师谢苗诺夫等部门领导和科学家及时站了出来，对热心公众、专家、杜马议员进行了大量面对面的解释、说服工作，阐明了坠落“和平”号的必要性、紧迫性，以及参加“国际空间站计划”对俄航天业发展的重要意义。在这些专家学者的全力“保驾”下，“和平”号的坠落工作启动了，而此时已将近 2001 年 1 月。

8. 图像影像——超新星摧毁“创造之柱”

斯必泽太空望远镜拍摄到一幅红外图像，显示著名的“创造之柱”——哈勃太空望远镜拍摄到的尘埃和气体云柱，早已不复存在，一颗超新星的冲击波把它们炸得烟消云散。可是，因为光从那里抵达地球需要花费上千年之久，它们幽灵般的图像还将再持续很久才会散尽。

自从哈勃太空望远镜在1995年拍摄到那些“柱子”以来，它们就成了天文学上的标志性图片。它们是一个更大的、叫做“鹰状星云”的恒星形成区的一部分，距离地球7 000光年之遥。这就意味着我们现在看见的柱子，是它们7 000年前的模样。

现在，斯必泽太空望远镜拍摄到一幅红外图像，显示了一股前所未见的超新星冲击波对那些“柱子”构成威胁。它们正朝着柱子推进，最终会将那些柱子完全清扫一空。

在法国奥尔赛的天体物理学空间研究所，科学家尼古拉斯·弗拉吉领导的一个研究小组获得了这幅图像。图像显示出一团被认为是一颗超新星爆炸所加热的热尘云，那场爆炸很可能发生于更早的1 000~2 000年间。

弗拉吉说，根据热尘云的位置，冲击波看起来会在1 000年内开始冲击柱子。考虑到它们的光抵达地球的7 000年的滞后时间，就意味着那些柱子实际上在6 000年前就被摧毁了。弗拉吉说，只有少数几个气体团块足够致密，可以免遭冲击而幸存下来。他说：“当冲击波抵达那里的时候，所有其他部分都将崩溃无余。”

现在，他的研究小组正在搜寻历史记录，看是否能找到该为这次“柱子”毁灭负责的超新星记录。1 000~2 000年前，在地球上应该可以看见那颗超新星爆发事件。科学家确实在恰当的时间范围内找到了一些可疑的天文记录，但至今未能确定哪颗超新星才是真正的元凶。

2007年1月9日，在美国华盛顿州西雅图举行的美国天文学年会发布了这些结果。天文学家证实，这张最新的大质量恒星爆炸之后的X光照片显示高热原子核爆炸反应毁灭了这颗恒星。

9. 继往开来——大爆炸宇宙论

早在1929年，埃德温·哈勃有一个具有里程碑意义的发现，即不管你往哪个方向看，远处的星系正急速地远离我们而去。换言之，宇宙正在不断膨胀。这意味着，早先星体之间更加靠近。事实上，似乎在100亿~200亿年之前的某一时刻，它们刚好在同一地方，所以哈勃的发现暗示存在一个叫做大爆炸的时刻，当时宇宙无限紧密。

1950 年前后，伽莫夫第一个建立了热大爆炸的观念。这个创生宇宙的大爆炸不是习见于地球上发生在一个确定的点，然后向四周的空气传播开去的那种爆炸，而是一种在各处同时发生，从一开始就充满整个空间的那种爆炸，爆炸中每一个粒子都离开其他每一个粒子飞奔。事实上应该理解为空间的急剧膨胀。“整个空间”可以指的是整个无限的宇宙，或者指的是一个就像球面一样能弯曲地回到原来位置的有限宇宙。

根据大爆炸宇宙论，早期的宇宙是一大片由微观粒子构成的均匀气体，温度极高，密度极大，且以很大的速率膨胀着。这些气体在热平衡下有均匀的温度。这统一的温度是当时宇宙状态的重要标志，因而称宇宙温度。气体的绝热膨胀将使温度降低，使得原子核、原子乃至恒星系统得以相继出现。

从伽莫夫建立热大爆炸的观念以来，通过几十年的努力，宇宙学家们为我们勾画出这样一部宇宙历史：

大爆炸开始时（150 亿~200 亿年前），极小体积，极高密度，极高温度。

大爆炸后 10~43 秒宇宙从量子背景出现。

大爆炸后 10~35 秒同一场分解为强力、电弱力和引力。

大爆炸后 10~5 秒 10 万亿摄氏度，质子和中子形成。

大爆炸后 0.01 秒 1 000 亿摄氏度，光子、电子、中微子为主，质子、中子仅占十亿分之一，热平衡态，体系急剧膨胀，温度和密度不断下降。

大爆炸后 0.1 秒后 300 亿摄氏度，中子质子比从 1.0 下降到 0.61。

大爆炸后 1 秒后 100 亿摄氏度，中微子向外逃逸，正负电子湮没反应出现，核力尚不足以束缚中子和质子。

大爆炸后 13.8 秒后 30 亿摄氏度，氘、氦类稳定原子核（化学元素）形成。

大爆炸后 35 分后 3 亿摄氏度，核过程停止，尚不能形成中性原子。

大爆炸后 30 万年后 3 000 摄氏度，化学结合作用使中性原子形成，宇宙主要成分为气态物质，并逐步在自引力作用下凝聚成密度较高的气体云块，直至恒星和恒星系统。

10. 超前思维——到月球上去开展天文观测和研究

空间天文学的诞生和发展

人造卫星和各种宇宙飞船的成功发射是本世纪最重大的科技成就之一，

它对许多学科和技术领域产生了前所未有的巨大推动作用，其中就包括天文学这门古老的学科。

由于地面天文观测要受到地球大气的各种效应和复杂的地球运动等因素的严重影响，因此其观测精度和观测对象受到了许多限制，远远不能满足现代天文研究的要求。为了从根本上克服上述不利因素的影响，天文学的一门新分支学科——空间天文学伴随着航天技术的迅速发展而诞生了。

自1957年10月4日世界上第一颗人造地球卫星上天后，美国于1960年发射了第一颗天文卫星——"太阳辐射监测卫星1号"，对太阳进行紫外线和X射线观测。此后，世界各国又相继发射了许多天文卫星和用于天文研究的各种星际飞船，大大丰富和扩展了人类对宇宙和各类天文现象的认识。从发射近地轨道人造卫星，到"阿波罗"飞船载人登月、"乔托"飞船探索哈雷彗星，以及"先驱者号"和"旅行者号"飞船穿越整个太阳系的大规模、长时间的星际探测计划，天文学在许多重要研究领域内取得了辉煌的成果。可以这么说，如果没有空间天文技术，就不可能有紫外天文、X射线天文和γ射线天文，甚至也不可能有今天成果丰硕的红外天文。正因为如此，尽管空间天文耗资巨大，每次探测均需花费数亿甚至数十亿美元，但加入"空间俱乐部"的大部分国家却都在发射自己的第一颗人造卫星后的10年时间内就开始实施本国的天文卫星计划。

随着空间技术以及其他各种高技术的发展，人们如今已能相当有效地发射和操纵一些不算太小的天文卫星（或者说是绕地球作轨道运动的天文望远镜）。最引人注目的天文卫星当推欧洲空间局的"依巴谷"卫星（1989年8月8日发射）、"X射线多镜面任务"望远镜（1999年12月10日发射），以及美国的"哈勃"空间望远镜（1990年4月24日发射）和"钱德拉X射线天文台"卫星（1999年7月23日发射）。今后，人类还将有能力使更大一些的望远镜在近地轨道上投入使用。

卫星天文观测的弱点

除太阳系天体可以通过发射各类宇宙飞船进行近距离实地探测外，空间天文对其他的天体（包括恒星和各类河外天体）目前只能依靠各种配置在天文卫星上的天文望远镜进行"被动式"观测，利用这些望远镜收集到的各类天体所发出的不同波段的电磁辐射开展天文研究。

尽管天文卫星所处的空间环境比地面优越得多，但是，在近地轨道上运行的天文仪器仍然要受到地球高层大气的一些效应的有害影响。例如：在几百千米的高空，大气虽已十分稀薄，但剩余大气的阻挡作用仍然会使卫星的运行轨道不断降低，所以如果要长期使用天文卫星，必须适时作重新推动；天文卫星的运行速度高达8千米每秒，这使它在与微粒和残余大气离子相撞时受到损害；在失重的环境下，要使卫星上的天文望远镜实现对观测目标的高精度指向和精密跟踪非常困难，必须配有很复杂的机械装置，结果仪器越大，处于不能进行天文观测的时间就越多。此外，由于近地卫星绕地球公转的周期通常仅为90分，因而观测一批天体所能连续用的曝光时间就不可能很长，这也给卫星天文观测带来一定的限制。最令天文学家感到头痛的是，一旦卫星上出现故障，派人去进行维修或改进耗资很大。如果把天文卫星发射到离地球更远的轨道上去工作，大气的剩余影响将大为降低，空间天文工作的效率也将有明显提高。但那时，若想对仪器进行维修就更困难了。

以上种种缺陷迫使人们去思考这样一个问题：能不能为天文望远镜找一种比人造卫星更好的观测基地，以进一步克服种种不利因素的影响呢？

把望远镜放到月球上去

天文学家经过仔细论证后发现，以月球为基地开展天文观测有着卫星天文观测所不能企及的优点。

月球为天文望远镜提供了一个巨大、稳定而又极为坚固的观测平台，因而可以采用结构简单、造价低廉的安装、指向和跟踪系统。这一点是处于失重状态的天文卫星所望尘莫及的。同时，月球表面的重力只及地球表面重力的六分之一，因而在月球上建造任何巨大的建筑物都要比地球上容易得多。月球上没有空气，因而也没有风，其表面环境实际上处于超真空状态，故而在那里进行天文观测不会受到大气因素的影响。如果我们想得更远一些，经过充分开发之后，月球将会逐步为我们提供各种必需的原材料。这些因素对于在月球上安装理想的天文望远镜（特别是大型天文望远镜）以及与之相配的观测室将是十分有利的。

从天文观测工作本身的条件来讲，由于月球远离地球，它受到的人类活动的影响和地球本身的各种活动的影响要比人造卫星小得多。此外，由于月球的自转周期和它绕地球的公转周期恰好相等，因而它总是以同一面对着地球。如果我们把观测仪器（特别是射电望远镜）放在背向地球的那一边，则地球对天文观测的不利影响就更小了。月球的天空即使在白天也是全黑的，而且它的自转周期长达近一个月，这就使得我们能够观测到望远镜视线所及的全部天空，并对很暗的天体进行充分的长时间的积累观测。

同其他各种空间天文技术相比，在月球上开展天文工作的最大优点很可能是：随着月球基地的发展，人力、物力的支援可以就近提供。可以料想，随着科学的发展，人类对月球的开发和利用是势在必行的。到那时，人们在月球上建造大型的、复杂的天文望远镜，所有部件都能由熟练的技术人员就近进行维修和更换。尽管天文观测工作将实现全自动化，但及时的现场技术支援，无疑会使各种尖端的天文观测仪器得到更为有效的使用。

细心的读者也许会问：月球离开地球比人造卫星要远得多，将天文望远镜送上月球不是要比发射天文卫星困难得多吗？确实，月球离地球比近地人造卫星要远1 000倍左右，但以到达月球表面所需要的能量这一更为重要的条件来看，它只是发射近地卫星的2倍！而且，随着航天运输技术的进步，两者的实际费用的差值正在逐步缩小。

11．理论异说——地球发展史的彗星灾变说

英国爱丁堡皇家天文台的两位天文学家克拉勃和内皮尔曾提出一种新的理论，他们认为地球也许每隔一段时间就会与宇宙空间的尘埃和流星雨相遇一次，从而引起巨大规模的严重灾变事件，对地球的发展史产生深远的影响。

阿波罗型小行星及分子云的影响

17世纪初，随着望远镜的问世，伽利略第一次发现了浩瀚的银河系是由无数颗星星组成的。到200年前，威廉·赫歇耳证实了银河系是一个巨大的扁平圆盘状恒星集团，而太阳则是其中的一员。本世纪初天文学家们进一步认识到包括太阳在内的绝大部分恒星都在绕着银河系中心的巨大轨道上运行，而恒星之间发生相互碰撞甚至接近的机会都是极为罕见的。除恒星外，在银河系内还存在着一些暗星云，它们是气体和尘埃的混合体。最近的暗星云离我们约500光年，直径为65光年。虽然他们比恒星大得多，但却极为稀薄。因而从赫歇耳年代以来，天文学家一直认为当太阳带着它的家庭在银河系里漫游时，根本不用担心与恒星或星云碰上，即使碰上星云也没有关系。尽管每天有数以千吨计的陨星物质从天而降，落到地球上来，但它们大都是一些微不足道的小东西，无须担心。然而，近代的一些重要发现也许会使这种“安全感”发生动摇。

首先，射电天文观测发现，上面提到的暗星云只不过是一些质量很大、温度甚低的星云集合体的极小部分。它们集中在银道面内一些有相当厚度的环状区内，因此不发光，所以光学观测便发现不了。太阳每经过1亿~2亿年的时间就会接近或穿过其最密集部分，在那儿星云个数多达5 000个，而质量约为太阳的50万倍。它们是银河系内最大的天体，但是在几年前人们

却不知道它们的存在。

其次的发现要归功于对太阳系内行星和卫星上的陨星坑的研究，以及用大视场望远镜所进行的小行星探索工作。现在人们已知道，地球受到阿波罗型小行星撞击的机会要比以前所认识到的多得多。这类小行星的直径为 1 千米左右，它们中间最大的一些大部分看来并不来自小行星带，而更可能的是某些甚长周期（106 年）彗星演化的最终产物。这类彗星的轨道是很扁的椭圆，当它们进入太阳系内圈时就有可能被捕获，轨道变得很小，周期也缩短到一年左右。

现在我们来看看如何把这两项发现联系起来。

分子云的质量十分巨大，因此当太阳系通过它时会受到云的引力作用，使行星有脱离太阳的趋向，即所谓潮汐效应。不过，由于行星距离太阳要比距离分子云近得多，太阳的引力效应起支配作用，行星系统是不会因此而瓦解的。但是彗星的情况就不一样了，它们离太阳要比最远的行星到太阳的距离还远上 100 倍。数以十亿计的彗星位于奥尔特云内，距太阳 0.8 光年左右。因而每当太阳与星云接近时，云的引力会对这些彗星产生很大的影响。计算表明，一次接近时可能把奥尔特云的 25% ~90% 扫到星际空间去。通常认为奥尔特云是在大约 45 亿年前从原始太阳系中分离出去的。那么由于每1 亿 ~2 亿年太阳经过星云密集区一次，当时的原始奥尔特云必然被破坏得很厉害，目前存在的应是原始奥尔特云历经劫数后的残余物。然而事实是，长周期彗星仍然不断地从这种极不稳定的区域中跑出来，因此今天所看到的奥尔特云是“不久前”为太阳所俘获的。

被俘获的新的奥尔特云又从何而来呢？唯一的来源看来只能是分子云本身。可以证明，如果分子云质量（大部分为重元素）的百分之几以彗星形式出现，那么像奥尔特云那样大尺度的彗星族就可以在太阳与分子云第一次接近时就为太阳所俘获。在大体上平衡的情况下，彗星族的流通是频繁而又剧烈的。每当太阳通过银河系旋臂时，这种俘获事件就会有规则地发生。这时行星际空间就存在大批彗星，而地球上就会出现受阿波罗型小行星轰击的事件。

早在分子云发现之前，人们就认为彗星的发源地——奥尔特云是在大约 45 亿年前从太阳系的原始行星系统中分离出来的，而上述彗星起源理论则同这种概念截然不同。这儿似乎有一个困难，即分子云密度相当低，近乎真空，而大彗星的核直径可达 100 千米。那么彗星又怎样从星际云中成长起来呢？这是一个尚未完全解决的问题，但是现在我们知道彗星是客观存在的，而对太阳系这个我们最熟悉的行星系统来说，许多证据表明构成原始陨星物质的结构是具有耐熔颗粒的杂乱矿脉，其周围是挥发性物质，而从炽热的星际介质冷却到分子云温度过程中凝聚而成的正是这种东西。行星际尘埃可能就是由这种物质失去外层挥发物后组成的，它们也许正是彗星的碎片，这样，就同上述理论联系起来了。很可能在恒星从旋臂区产生的过程中彗星是一种中间产物。

彗星或小行星的袭击对地球的影响

当地球受到彗星或小行星袭击时将会出现什么样的情景呢？让我们先来看看以往的事实，最有名的当推1908年6月30日早晨发生在苏联西伯利亚叶尼塞河上游通古斯地区的一次大爆炸，即所谓通古斯事件。最近有人认为这次爆炸是由一次彗星撞击地球引起的，而这颗彗星又可能是业已瓦解的恩克彗星的一部分。计算表明，如果彗星碎片总质量为350万吨，平均密度为每立方厘米0.003克，以每秒40千米的速度和30°的入射角进入地球大气层，那就可以引起通古斯事件那样规模的爆炸。

但太阳穿过或接近分子云时又可能出现什么样的结构呢？如果前述理论成立，那么每经过1亿年左右，即有大批彗星天体进入太阳系的范围，其中最大的彗核直径超过10千米，撞击速度可达每秒30千米。要是有这么一颗彗星到达地球，其后果是不堪设想的。首先，彗星进入地球大气层内就会引起巨大的冲击波，可以一下子杀死半个地球上的全部生物。这时，空气温度上升到500摄氏度左右。因落地撞击引起的阵风，在离撞击点2 000千米处的风速仍可达每小时2 500千米。结果，整个地球上空将会覆盖一层厚厚的尘埃幕布，太阳光线无法穿过它到达地面。这层尘埃云将会延续好几个月。另一方面，这颗巨大火流星中的一氧化氮会破坏大气中的臭氧层，因而在尘埃云最终沉息下来之后，地球表面就会直接受到太阳的紫外光照射，其强度是致命的。此外，撞击时会引起全球性大地震，由此导致的陆地起伏一般可达10米。

地球表面大部分地区是海洋，所以彗星击中海洋的可能性也许更大一些，其后果同样是极其严重的。首先，溅落中心区部分可能产生高度达几千米的巨浪，即使在离中心区1 000千米处，大浪的高度还可以到达500米。涛涛巨浪最终将进入大陆架并冲上陆地。这时，地核中的内部流动情况受到强烈的干扰，并影响到地球磁场，而这种磁场扰动时，就可能同各类生命的大批死亡联系在一起。另一方面，原来支配大陆漂移的是一种缓慢的、带黏滞性的推进式运动。在彗星的猛烈撞击下，这种运动便会受到极大的干扰，结果引起板块运动。地壳上会出现10~100千米宽的大裂缝，造山运动十分剧烈，同时引起普遍性的火山爆发，地球最后变得面目全非。一旦重新平息下来之时，其生物学和地球物理学环境已与撞击发生之前大不相同了。

根据上述理论可以作出一项预言，那就是从银河系的时间尺度来看，许多地球物理现象应该是间歇性的。不仅如此，地球上生命的大规模消亡应该与剧烈的造山运动和大规模火山爆发同时发生，而且应当发生在磁场受干扰的时期之内。实际上不少史实也正说明了这一点。比如：恐龙的灭亡时间与地质史上最大规模火山爆发开始的时期相一致，而且在这之前约500万年出现了延续时间长达2 000万年的地磁扰乱。在二叠纪至三叠纪间的生物大规模绝灭期内，有96%的海洋生物突然死亡，它同样也发生在一场地磁场扰乱期内。这些是不能用偶尔一次彗星对地球的撞击所能解释的。

美国加州大学最近的研究又从另一侧面证实了上述理论的预见：进行这项研究的小组人员在意大利约6 500万年前的沉积层中发现了稀有元素铱的含量高得出奇，后来又在地球上其他几十个地方发现了同样的现象。要知道，铱在地球上含量极少，可是在小行星中含量却很高，因而一种合理的解释是在那个时期发生过一次阿波罗型小行星轰击地球的大灾变，而恐龙的突然、迅速消灭也正好发生在那段时间。

把时间拉近一点来看，目前在阿波罗型小行星轨道上的行星际尘埃、火流星活动以及流星群都是十分丰富的。这些说明了在过去的几千年内地球的上空是极其活跃的。在4 000~5 000年前有一颗大彗星在穿过地球轨道时瓦解了，而我们今天所观测到的陨星之类的天体只不过是过去年代那些更大彗星碎片的遗迹而已。

科学发展是无止境的。无须在今天为几千年后可能遭到的来自天外的袭击或者几千万年后可能发生超大规模彗星陨落事件而杞人忧天。毫无疑问，从自然界中诞生发展起来的人类，终将会在世纪交替的无穷过程中找到征服自然的途径。而在这一过程中地球发展史的彗星灾变说也会最终得到检验。

12. 深度分析——地球爆炸之说

宇宙万物都要经历诞生、成长、衰老直至消亡的过程。人类赖以生存的地球也不例外。但地球不会在最近的将来就走向灭亡，更不会发生爆炸。爆炸是物体发生剧烈变化的一种形式，并在极短的时间内释放出大量的能量，并造成物体自身的解体。地球并不存在发生这种变化的条件。

根据对地震波的研究，人类对地球的内部结构已经有了一定的认识。大致上地球分为地壳、地幔、地核三层。地壳平均厚度约35千米，青藏高原的地壳厚65千米以上，海洋下只有5～8千米。地壳下地幔直至地表下2 900千米处，绝大部分呈固体状态，只有其中软流圈中的1%～100%呈熔融状态。在长期持续高温、高压条件下，地幔像一种黏性极大的物质。地核又分外地核和内地核，外地核呈液态，内地核则是固态。地球的这种分层结构是地球长期演化的结果。现在流行的看法是地球起源于46亿年以前的原始太阳星云。经过微星的集聚、碰撞和挤压使其内部变热，以后则是放射性物质的衰变使地球内部进一步升温，在40亿～45亿年前当温度上升到铁的熔点时，大量熔化的铁向地心沉降，并以热的方式释放重力能，其能量相当于一千多次百万吨级的核爆炸。大量的热使地球内部广泛熔化和发生改变，逐步形成了分层结构，其中心是致密的铁核，熔点低的较轻物质则浮在表面，经冷却形成地壳。

这种分异作用，一开始就可能使气体逸出，形成大气圈和海洋。地球经过许多亿年的演化才呈现出现在的面貌。但地球从形成以来，就始终处于不断的变化和运动之中，并保持着动力学上的平衡状态。即使在演变过程中，释放出难以想象的巨大能量，也没有发生过爆炸。在其内部结构已相对稳定的今天，就更不可能发生爆炸了。

要发生爆炸，总需具备一些内在条件。我们知道能释放出巨大能量的不外乎是核爆炸。原子弹利用了放射性物质发生核裂变的链式反应，氢弹是通过氢元素的核聚变来释放大量能量的，在地球上并不存在自然产生这两种核爆炸的条件。具有放射性的铀、钍等元素在地球上的丰度很低，只有百万分之几，而且以纯度不高的状态散布。人们要制作原子弹必须利用高科技手段使其浓缩，然后才能触发出裂变链式反应，在自然条件下根本不可能产生这样的反应。同样，氢元素的核聚变也需要特定的条件。

我们知道，太阳能辐射出大量的能量是由核聚变维持的。太阳的质量很大，是地球的33万倍，其中心压强极高，处于太阳中心的气体具有极高的温度（1.5×10^{7}开），太阳气体中的氢元素含量极高，约占71%，它通过质子—质子反应和碳氮循环就能使质子聚变成α粒子，释放出巨大的能量。地球上包括其内部都没有与此相适应的天然条件。可见地球并不存在爆炸的任何条件。

当然，地球上的火山爆发、地震、造山运动等释放了相当惊人的巨大能量，但这只不过是地壳的构造活动，它能部分地改变地壳的现状，造成地壳的隆起和沉陷，使沧海变成高山、平地变为海洋，但并不能造成地球爆炸。

这种地壳构造活动自地壳形成以来就没有停歇过，地球都没有发生过爆炸，今后也不会发生。

某些外因虽然也可能诱发地球解体，但这与地球爆炸绝不相同，而且这样的外因也并不存在。如果有一个质量极大的天体运动到地球附近时，其巨大的引力有可能造成地球破裂。目前并没有发现有任何巨大的天体闯到太阳系中，更不要说接近地球了。由于宇宙空间中巨大天体之间的空间距离相当大，要使它们相遇并接近的概率微乎其微，这一可能目前是完全可以排除的。足够大的天体对地球的碰撞也有可能造成灾难性的后果，但也不会发生地球的爆炸。可能正是受到彗木相撞事件的启示，人们对可能与地球相撞的小行星正给予密切的注意。

以现有的科学技术水平来看，人们完全有把握像预报彗木相撞事件那样，对行星际空间内天体与地球相撞作出准确的预报。最近的研究发现只有个别小行星的轨道与地球公转轨道有一定程度的接近，这与轨道相交是有区别的。即使是轨道相交，地球和小行星通过该交点的时间不同也不会发生碰撞。如此苛刻的碰撞条件也不是轻易就会出现的。即使会出现，天文学家们也会准确作出预报，人类也会设法采取相应的应急措施，我们完全不必杞人忧天。

可见，地球并不存在爆炸或解体的内外部条件，我们仍然可以在这片人类生存的乐土上创造更加美好的未来。

13. 讳莫如深——地球上外星生命的秘密

至今，科学家仍未在地球上发现与已知生物不同的生命体，然而，这并不代表地球上没有外星生命：虽然现代科学技术已经很先进，但还有很多生物我们无法观察到。

即使其他生命体已经从地球上消失，但在遥远的过去，它们可能曾在地球上风光一时。如果真是那样的话，科学家可以通过地质学记录，找到它们留下的、被岩石尘封了几亿年甚至几十亿年的生物学标志。如果这些生命体有着独特的新陈代谢方式，它们改变岩石成分或形成沉积矿物质的方式，将是已知生物活动无法解释的。某些现有生物无法产生的生物标志（比如一些特殊有机分子），可能就隐藏在古老的微生物化石中。科学家在太古代（25 亿年以前）岩石中就发现过这样的化石。

一个更激动人心但也更“异想天开”的设想是：其他类型的生命体至今仍然存在，它们构成了一个“影子”生物圈——这是美国科罗拉多大学的卡罗尔·克莱兰和谢利·科普利发明的新词。乍看起来，这个想法似乎很荒谬：如果外星生物就在我们眼皮底下（甚至就在我们的鼻子内）大量繁殖，为什么科学家一直没能发现它们？但我们不能轻易否定这个设想。地球上，微生物的数量超乎想象，仅通过显微镜观察，很难区分它们。微生物学家必须分析某个微生物的基因序列，才能确定它在进化树上的位置。到目前为止，有明确分类的微生物只占已知微生物很小一部分。

可以肯定的是，我们仔细研究过的生物都来自同一个祖先。已知生物具有相似的生化特性，采用几乎完全相同的遗传密码，这使得生物学家能通过基因序列，找到它们在进化树上的位置。但是，科学家在分析新发现的物种时所使用的方法是专门用于检测我们熟知的生物。这些技术能检测到与现有生命形式完全不同的外星生物吗？答案显然是否定的。如果外星生物被限定在微生物领域，科学家可能已经将它们遗漏。

最有可能存在外星生物的地方，可能是一些“与世隔绝”的、环境极其恶劣的区域，因为已知生物无法在这里存活。如果找到生命活动的迹象，就能证明这些地方可能存在外星生命。

我们地球上的哪些地方可能找到外星生物呢？一些科学家把注意力集中在这样一些地方：生态学上完全孤立、已知生物永远无法涉足的小生态环境。近几年，一个令人惊讶的发现是，某些生物能在极端环境下生存。从滚烫的火山口到南极洲干涸的河谷，在这样的极端环境中，都能发现微生物。还有一些生存能力超强的微生物——嗜极菌，竟然能在高浓度的盐湖中、被重金属污染的强酸性尾矿中以及核反应堆废料池中生存。

然而，再顽强的微生物也有耐受极限，因为所有已知生物都离不开液态水。智利北部的阿塔卡马沙漠非常干燥，在那里找不到任何已知生物。虽然某些微生物还能在高温下繁殖，但在温度高于130℃的环境下，我们能找到的，最多是已知生物的尸体。不过，我们不能用这样的条件去衡量外星生命，因为它们也许能在更干燥或者温度更高的环境中生存。

科学家可以在一个生态学上完全孤立的区域寻找生命活动的迹象（例如土壤和大气层之间的碳循环），作为外星生命存在的证据。孤立的生态系统其实很容易找到，如地壳深处、大气层上部、南极洲、盐碱地以及被重金属或其他污染物污染的地带。

研究人员还可以在实验室中“创造”孤立的生态系统：首先改变温度和湿度，将已知生物杀死，如果仍有生命迹象，可能就是外星生命在起作用。利用这种方法，科学家发现了一种耐辐射细菌，它们能承受的γ射线辐射剂量，是人类能承受剂量的 1 000 倍。令人失望的是，最终结果表明，这种细菌和其他耐辐射生物一样，在遗传学上都与已知生物有关，并非外星生物。不过，这并不能排除利用这种方法找到外星生物的可能。

尽管迄今为止，科学家在这些生态系统中发现的微生物都与生活在地表的微生物有紧密联系，但我们对地壳深处的生物学探索还处于初级阶段，在更深的地方，或许有惊喜正等着我们。综合海洋钻探计划，从深达 1 千米的海床采集岩石样本、探查岩石中的微生物，就是该计划的目的之一。陆地上的钻探工作还曾发现，即使在更深的地下，仍有生物活动的迹象。然而，科学界至今尚未制定系统、大规模的探索地壳深处生命的计划。

14. 凝视天空——定时转动的望远镜

继牛顿之后，有不少能工巧匠加入到制造优良望远镜的行列。放大万物和观察星空的诱惑是不可抗拒的。德国青年夫琅和费是这些人中最具传奇色彩的一位。

夫琅和费 1787 年生于巴伐利亚，年幼时父母双亡，14 岁给一个慕尼黑的镜子制造商当学徒。我们常听说过去恶师父虐待徒弟的故事，夫琅和费恰好是这种故事里的不幸主人公。后来发生了一个偶然事件，改变了他的命运。夫琅和费住的房子突然倒塌，把他埋在瓦砾之中。恰巧巴伐利亚的选帝侯（可以选举德国皇帝的贵族）驱车经过，看到了救援工作，他很同情这个可怜的孩子，有意帮助这个学徒。他送给夫琅和费足够的钱，解除了其师徒合同，并送他去上学。这位选帝侯并没有白费心血，日后夫琅和费成了举世闻名的人物。他 1806 年进入慕尼黑的光学研究所，17 年后成为该研究所的所长。他制造的望远镜是那个时代最好的产品。他还是光谱学真正的创建者。

1817 年，夫琅和费制造出了一台由时钟机构驱动、可以自动观察运动的恒星的望远镜。我们知道，日月星辰并不是真的每日自西向东运动，而是由于地球绕地轴自转，使我们观察时难辨真相。为了同真的运动区别开来，日月星辰的运动称为视运动。当我们用放大倍数很高的望远镜观察星空时，只能观测天空里一个很小的区域，而一颗恒星将很容易逃离我们的视野。平稳地移动一架高倍望远镜跟踪恒星的移动并不比走钢丝轻松。夫琅和费的补救办法是把望远镜装在一种赤道式装置上，这类时钟机构驱动的机械装置使望远镜筒与视野中的恒星以同步的速率转动，这样被观测的恒星就始终位于望远镜的观察区域了。即使到现在，所有的大型望远镜都有驱动装置，只不过有些用电力代替了钟表机构。

望远镜的制造工艺越来越精湛，要探索太空，我们需要最好的工具。也许你就能制造出一架比伽利略、牛顿、夫琅和费的望远镜更好的。这是肯定的，因为你是站在巨人的肩膀上。

15. 折射聚焦——伽利略望远镜

伽利略的折射望远镜以平凸透镜作为物镜，凹透镜作为目镜，从待研究的物体发出的光照射到望远镜物镜的一个玻璃透镜上，物镜使光线折射并把它集中在焦点上，在那里便形成了发光体的像，这个像被目镜的透镜放大，进入人眼。

你可以用很低的费用制作一架伽利略式望远镜：买一块直径、焦距大一些的凸透镜作为物镜和一块焦距、直径较小的凹透镜作为目镜。用胶水和小槽把两块镜片装在硬纸筒内，再做一个简单的台座，于是一架能够看到月亮上的群山、银河中的繁星和木星的卫星的望远镜便制成了。想想看，伽利略就是用这样的望远镜得到一系列惊人发现的。但是切记，不要通过望远镜直接观察太阳，以免高温灼伤眼睛。

伽利略的折射望远镜有一个缺点，就是在明亮物体周围产生“假色”。“假色”产生的症结在于通常所谓的“白光”根本不是白颜色的光，而是由从红到紫的所有色光混合而成的。当光束进入物镜并被折射时，各种色光的折射程度不同，因此成像的焦点也不同，模糊就产生了。

1611年，另一位天文学家开普勒用两片双凸透镜分别作为物镜和目镜，使放大的倍数有了明显提高，以后人们将这种光学系统称为开普勒式望远镜。现在人们用的折射式望远镜还是这两种形式，但是“假色”问题仍然未能解决。

16. 克服“假色”——牛顿望远镜

为了解决以往望远镜的“假色”难题，另一个伟大的科学家登场了，他就是牛顿。几乎所有的伟大科学家都是高超的仪器设计者。牛顿的目的是制造一台消“假色”的望远镜。经过深思熟虑，他断定只有一个解决办法，那就是制造一台根本不需要物镜、也就不可能有“假色”的望远镜。

按照牛顿的设计方案，从所研究物体发出的光从镜筒的开口端进来，射到筒底的一面反射镜上。这面反射镜（称为主镜）的表面是弯曲的，它把光反射回镜筒，射到与主镜成45°角的一面较小的平面反射镜（副镜）上；

平面副镜把光线反射到筒的一边并在那里聚焦，像被目镜以通常的方式加以放大。因此，使用牛顿设计的望远镜的人要与入射光线同方向往筒内看。由于反光镜是平面的，它均等地反射所有色光，因此不会引起假色问题。

但是，牛顿的反射望远镜也存在一个问题：反射材料是其发展的障碍，铸镜用的青铜易于腐蚀，不得不定期抛光，需要耗费大量财力和时间，而耐腐蚀性好的金属，比青铜密度高且十分昂贵。

直到1856年，德国化学家尤斯图斯·冯·利比希研究出一种方法，能在玻璃上涂一薄层银，轻轻地抛光后，可以高效率地反射光。这样就使得制造更好、更大、当然也更便宜的反射望远镜成为可能。

17. “蓝色水滴”——哈勃太空望远镜拍到2亿岁明亮星团

据美国宇航局太空网报道，哈勃太空望远镜在表面看起来空空荡荡的广袤的星系际空间，发现大量质量相当于好几万个太阳的明亮的“蓝色水滴”。它们似乎是在大约2亿年前的宇宙碰撞涡流中诞生的恒星。

天文学家认为，这些神秘的恒星团是一些“孤儿”，它们不属于特定星系，相反，这些恒星抱团形成一种被称做雅伯环的结构，分布在将三个相撞星系（M81、M82和NGC3077）连在一起的由气体构成的“桥”两侧。这些星系位于距离地球大约1 200万光年的大熊座内。

天文学家从没想到这些气体卷须状物能堆积足够产生这么多恒星的物质。但是它们“抚育”的恒星相当于5个猎户座星云。虽然这些“蓝色水滴”比星系中的大部分疏散星团质量更大，但是它们只是围绕一个星系运转的大量球状星团的一部分。

据天文学家估计，这些星团中的很多恒星都非常年轻，它们可能只有1 000万岁或者更年轻。与之相比，我们的太阳已经有46亿岁。德梅罗和她的同事指出，猛烈的撞击和混乱的结果或许是导致这些恒星诞生的原因。事实上，M81和M82是在大约2亿年前最后一次相遇。他们表示，像这种提高了局部区域的气流密度的星系撞击在早期宇宙中更加普遍。因此，这种“蓝色水滴”在早期宇宙中也将非常普遍。一旦这些簇生的恒星燃烧掉或发生爆炸，更重的元素将被喷射到星系际空间内。事实上，这种蓝滴星团与任何星系都没有联系，这意味着这种在恒星的核子反应堆熔化期间产生的元素非常容易被喷发出来。

18. “宇宙肇事者”——海底发现800万年前宇宙尘

宇宙中的交通事故

大约800万年前，太阳系里发生了一次可怕的小行星相撞事故，如今的Veritas小行星家族据说就是从这次相撞中诞生的。地球化学家们最近说，他们在海底沉积物里发现了这场事故的证据——相撞后洒落到地球上的宇宙尘。

太阳系里的行星有自己固定的轨道，一些小行星和彗星却四处游荡，可能相互碰撞，或撞上行星。许多科学家相信，正是一颗小行星撞上地球，导致了恐龙的灭绝。有时候，地球并不是这类碰撞事故的“当事人”，但碰撞产生的碎片和尘埃会落到地球上。

美国加州理工学院的地球化学家Kenneth Farley等人在英国《自然》杂志上报告说，他们在海底沉积物里发现了一层富含宇宙粒子的沉积，这表明当时发生过一次产生大量宇宙尘的相撞事件。

科学家作出此判断的依据，是沉积物中一种特殊的氦同位素——氦3的含量。氦3含有2个质子和1个中子，在地球上极为稀少。尘埃粒子在星际空间旅行的漫长过程中，会吸收较多的氦3。

通过分析氦3的含量，Farley等人发现，在820万年前，洒落到地球上的宇宙尘忽然增加到平时数量的4倍，这是过去1亿年来的最高值。随后，尘埃的降落量逐渐减少，大约在150万年之后回复到接近正常水平。论文的合作者、美国西南研究所的行星动力学家David Nesvorny提出，上述年代与一颗较大的小行星毁灭的时间相符，这次事件导致了Veritas小行星家族的诞生。

Veritas小行星家族是小行星带里的一团天体，约有300个成员，其中最大的直径为115千米，公转轨道彼此相似。Nesvorny分析了它们的轨道演化过程后提出，这群小行星全都诞生于约800万年前的一次撞击事件，当时有一颗直径150千米的小行星与一个更小天体以18 000千米的时速相撞。

研究小组进行的模型分析表明，在太阳辐射的作用下，相撞后产生的尘埃将有一部分盘旋着洒落到地球上，正像海底沉积物所记录的那样。现在，Veritas小行星家族成员之间持续不断发生的撞击，仍在以每年5 000吨的速度向地球倾泻着尘埃，超过地球所接收的宇宙尘总量的15%。

19. 天体引力——航天器轨道运动中的失重环境

在环绕地球飞行的飞船上，失重的原因是$g=$向心加速度，当速度达到第一宇宙速度能够环绕地球飞行时，发生这种失重。

20. 人无完人——爱因斯坦的“最大失策”

本来，爱因斯坦可以从他的广义相对论方程中推导出一个膨胀宇宙来，但静态宇宙观在爱因斯坦头脑中根深蒂固，这使他不去纠正错误的宇宙观，而去修正他的广义相对论方程。他于1917年在他的方程中加入一项“宇宙常数”，使宇宙保持静态。

1922年，弗里德曼研究广义相对论，得出膨胀宇宙的结论，并把结果告诉爱因斯坦。开始，爱因斯坦以为弗里德曼计算错了，但很快就意识到是自己的失策，加入宇宙常数是没有意义的，这样修改原先的方程并不能保证得出静态宇宙来。1929年，哈勃发现星系红移，证明宇宙在膨胀。到20世纪30年代，爱因斯坦承认加宇宙常数项是他“一生中最大的失策”。

但造化弄人。随着宇宙学的发展，在有关暴涨宇宙理论中的“真空能量”，确有宇宙常数那样的性质。爱因斯坦在他的方程中加宇宙常数项，很可能仅仅是丧失发现膨胀宇宙的失误。

21. “宇宙魔鬼”——黑洞

原始新闻

2004年2月19日下午，一个由国际天文学家组成的研究组向公众展示了黑洞吞噬一个恒星的照片，图片上的景象非常壮观。科学家说，这颗“倒霉”的恒星在飞进一个黑洞时，在黑洞巨大的引力作用下变形、肢解，被黑洞部分地吞没了。这个黑洞的质量是太阳的一亿倍，距地球7亿光年。科学家相信，图中的恒星与我们的太阳差不多大，它在运行中受另一颗恒星的影响，“不慎”被黑洞俘获。

名词解释

黑洞，这是理论预言的一种天体，空间的强引力区域，其脱离速度等于光速，因不会有光辐射逸出而得名。其基本特征是：具有一个封闭的视界，外来的辐射和物质可以进入视界之内，而视界内的任何物质都不能跑到外面。视界就是黑洞的边界。观测表明，在某些星系的核心可能有质量为10^8~10^9太阳质量的大型黑洞。迄今为止还没有直接寻找到黑洞。

“黑洞”是根据广义相对论预言存在的天体，它凭着自身的引力把空间中的一切“禁闭”起来。黑洞的大小若用质量相比较的话，那么具有太阳质量的黑洞，其半径只有3千米。黑洞把一切物质吸入，连光都不可能逃逸。巨大黑洞的起源之谜直到今天仍包裹在重重迷雾之中。黑洞是如何越变越大的，巨大黑洞与星系的诞生和演化又具有怎样的关系，需要解释的疑问还很多。

释放千万倍于太阳的能量

2004年2月中旬，天文学家通过美国国家航空航天局的钱德拉天文望远镜和欧洲的XMM牛顿X射线望远镜分别观测和证实了哈勃太空望远镜发现的罕见天文现象。

黑洞理论虽然形成多年，但是由于黑洞不能被直接观测到，所以天文学界对黑洞的存在一直处在理论的水平上。这是科学家首次观测到恒星被黑洞肢解的情景，证实了该理论的正确。而这一特殊天文现象在一个星系中发生的概率是1万年一次。

不久前，日本京都大学的一个研究小组使用X射线观测卫星发现M82星系内的一个天体，从非常有限的空间发出大量X射线，这个天体主要放射3 000电子伏特的高能X射线，其光度达到太阳全部光度的千万倍。

为了搞清这个天体的真实面目，科学家立即着手进行了反复达9次的观测，对可信数据的分析结果表明，这个天体在短短几天的时间里，其光度就发生了几倍的变化。这个天体光度的变化情况被美国麻省理工大学和内华达大学的科学家同时观测到。它的光度变化的直接原因目前还无法确定，但是却为科学家了解这一奇异天体的本来面目提供了极其珍贵的数据，因为根据这些数据能够算出这个天体的大小，它的直径为太阳与地球距离的数十倍，也就是说，它的大小充其量相当于太阳系。

从如此小的区域内居然能够释放出相当于太阳1 000万倍的能量，从现代物理学可知其唯一的可能就是黑洞。

不可思议的天体——黑洞

在北斗七星的旁边，大熊座的“熊头”附近，有一个直径达1 200万光年的M82星系，一条黑色缝隙横贯其中，所以它得到了一个“破裂星系”的绰号。

这条黑色缝隙实际上是由混杂尘埃的气体构成的，而M82星系本身是一个标准的“透镜”型星系。M82星系具有显著的特征，其中心部位以超过别的星系数千倍的速度诞生着新的恒星。在被称为“星爆星系”的M82星系中，天文学家发现了待确认的奇异天体——黑洞，这在研究宇宙中存在的巨大黑洞起源的时候，具有极重大的意义。M82星系中的黑洞喷释出大量能量，这的确是异乎寻常的。

事实上，当物质被吸入黑洞的“地平线”下之前，黑洞极强的引力场引起了超高速运动，因引力下落的能量由于摩擦转变为热能，并最终转变为光能。近几年，有观测报告说在银河系中心似乎存在巨大黑洞，所谓“巨大黑洞”是指质量超过太阳100万倍以上的黑洞。如果存在巨大黑洞，那么在它周围的物质亦应当像绕太阳旋转的行星那样，遵循“开普勒行星运动三定律”，哈勃太空望远镜就在NGC4261、室女座M84星系、室女座M87星系等星系中心发现了高速旋转的气体。

星系中黑洞的质量

根据开普勒定律，气体的旋转速度应与其围绕天体的质量的平方根成正比，与旋转半径的平方根成反比。如果能够确定旋转速度和半径，就能求出那个天体的质量，NGC4261旋转半径为300光年以内，质量约为太阳质量的20亿倍；M84星系旋转半径为30光年以内，质量约为太阳质量的3亿倍；M87星系旋转半径为15光年以内，质量约为太阳质量的30亿倍。计算结果应当说是令人吃惊的！10亿倍太阳质量的黑洞的半径大约为10天文单位，也就是1光年的万分之一。所以，哈勃太空望远镜的观测结果与黑洞的半径相比较，还没有把握住黑洞的外侧。

迄今为止已知的X射线双星系统最亮者达到太阳光度的100万倍，M82星系发现的X射线天体在此基础上又增高了10倍。由此估计这个黑洞的质量约为太阳的460倍到最大为1亿倍。总之，这个黑洞的质量很可能远远超过了太阳。这说明，在M82星系发现的是待确认的黑洞，而不单纯是超新星爆发后的残存物。

1995年，有关科学家与美国史密森尼安天文台合作，使用超长基线电波干涉仪群观测了猎犬座NGC4258星系的中心区域，发现在NGC4258星系中心仅0.3光年的区域内，就存在相当于太阳质量3 600万倍的质量，而且获得了迄今为止最精确的旋转速度。由此，星系中心存在巨大黑洞几乎转瞬间便具有了可能性。来自这个星系中心的X射线发生了“引力红移”，这是非黑洞无法解释的。

所谓“引力红移”，是在强引力作用下，时间似乎变慢的可用广义相对论解释的现象，在这种现象中光波长变长。这个现象被确认其意义就相当于直接观测到黑洞。科学家从此得到了巨大黑洞存在的强有力的证据。

任何星系都存在巨大黑洞吗?

如果巨大黑洞只是存在于特定的星系的话，那么巨大黑洞可能就是这种特定星系特殊演化的结果。但是，最新的观测资料开始表明，大部分星系的中心都存在巨大黑洞。在宇宙中存在着一种相当于星系大小万分之一以下区域，却释放出100个星系具有的能量的天体，这就是“类星体”。这是一种距离我们极其遥远的天体，距离近者离地球也有20亿光年之遥。从1962年第一个类星体被发现以来，这种天体的真实面目仍是待揭之谜。围绕类星体巨大能量的来源，科学家提出了形形色色的理论和假说，而最终具有生命力的是巨大黑洞之说。

1997年，哈勃太空望远镜首次观测证实，类星体处于星系的中心部位，是星系的核心。在那里极有可能存在巨大黑洞。但是，迄今发现的类星体大约只有星系数目的百分之一，仅仅以此为依据还不能认为任何星系都存在巨大黑洞。

科学家认为，巨大黑洞的质量必须达到太阳质量的1 000万倍到10亿倍的程度。

巨大黑洞如何形成尚无定论

科学家认为，质量相当于太阳的黑洞是超新星爆发的结果，但是对于巨大黑洞的起源，目前还没有定论。巨大黑洞不能由小黑洞聚合而成，就没有突然形成中间质量黑洞的途径了吗？要存在这种可能的关键之处在于是否能把具有太阳质量100万倍的天体凝缩至0.01光年以下的空间。作为一种可能性，美国哈佛大学的科学家提出了一种新的设想：在宇宙诞生之初由大质量的天体产生了中间质量的黑洞。科学家们把这个过程用计算机进行了模拟，结果显示，在宇宙诞生30万年时，大质量天体中发生了电离，大小凝缩至0.01年以下。此时，宇宙中澄澈无比，光能够通行无阻。由此产生的黑洞质量约为太阳的10万倍到100万倍，基本上是在与星系无关的空间形成的。

黑洞与星系遭遇，在力学的摩擦效应作用下，黑洞便落入星系的中心。如果落入星系中心的黑洞一年间会附着一个太阳质量的物质的话，1亿年后就会拥有1亿倍以上太阳质量，从而成为巨大黑洞。以类星体的能量来说，如此规模的质量附着是必不可少的。但是这种模型也不能完全自圆其说。考虑到一般的宇宙模型，以这种机理形成的黑洞的数目比星系的数目要少得多。因此，在理论上，形成巨大黑洞的确切过程应当说仍未明了，所以具有中间质量、围绕星系中心旋转的M82星系黑洞，是非常耐人寻味的。关键问题在于求出M82星系黑洞的准确质量，并搞清其形成的过程。这些问题的解决对于揭开巨大黑洞之谜，具有决定性的意义。

巨大黑洞的起源之谜直到今天仍包裹在重重迷雾之中。黑洞是如何越变越大的，巨大黑洞与星系的诞生和演化又具有怎样的关系，需要解释的疑问还很多。

22. 能量转换——恒星的氢聚变为氦的原因

1929 年，科学家最后认定太阳内部的氦聚变反应是其能量来源之后，许多人都在寻找氢聚变为氦的产能过程。

1938 年，美国的汉斯·贝克和德国的冯·魏茨泽克首先找到了被称为“碳循环”的氢聚合为氦的过程。一个氢核（质子）与一个碳核（^{12}C）相撞，生成一个放射性氮核（^{13}N）并放出能量；随后^{13}N 衰变为同位素^{13}C 并放出一个正电子和一个中微子；^{13}C再与一个氢核相撞生成一个氮同位素^{14}N,并放出能量；^{14}N 再与一个氢核相撞生成一个氧的放射性同位素^{15}O，并放出能量；随后^{15}O 衰变为^{15}N 并放出一个正电子和一个中微子；^{15}N再与一个氢核相撞，便生成一个氦核和一个^{12}C，如此完成一个碳循环。在这个循环中，共有四个氢核聚合成了一个氦核^{4}He。

不仅太阳，其他恒星的产能过程也是这样的。

23.“雪球”之谜——彗星有助于揭开地球生命诞生真相

千百年来，彗星一直被认为是末日的预兆。科学家们当然不会这样认为，但直到今天，围绕彗星的许多谜团仍然没有答案。而解决有关这些“雪球”之谜，有助于揭示它们在地球生命诞生的过程中所扮演的角色，以及与银河系其余部分有关的秘密。

彗星帮助创造了地球海洋吗

多年来，科学家一直认为彗星在撞击新生的地球的同时，也将水带到了曾经干涸的地球。但是科学家又发现彗星中的水和地球海洋中的水的氢同位素不相符，结果动摇了上述观点。稍后的分析显示，来自猜测中的彗星产地（越过海王星和奥尔特云的柯依伯带）的足够的冰岩石撞击地球后创造了海洋的猜想未必是事实。

之后，研究人员又在那个小行星带外面发现了彗星。这些“主要彗星带”可能拥有与地球海洋相匹配的氢同位素，并且可能与地球之间的距离十分接近，最终给我们带来了海洋，地球也由此出现了生命。夏威夷大学的天体物理学家大卫·杰维特说：“到目前为止没有一个人明确知道地球上的海洋来自哪里。地球上的海洋可能是来自各种地方的混合水体，但是主要彗星带很有可能不是它们中的一员。”

彗星来自哪里

猜测中的彗星的产地包括奥尔特云、柯依伯带，现在是小行星带。从理论上来说，奥尔特云是一个距离太阳大约7.5万亿千米的由冰构成的岩石云团，它可能是长周期彗星的来源，长周期彗星是指需要花费一个多世纪来完善它们的轨道的彗星。人们曾经认为这个区域还是短周期彗星的最初产地，然而大量分析显示，这一猜测根本不可能。大约在20年前，人们又认为距离太阳大约75亿千米的柯依伯带可能是短周期彗星的产地。杰维特解释说："但是最后几年的研究结果对这一说法产生了怀疑。可能这里是目前我们将要发现的其他彗星的产地。"

太阳系诞生之谜

长期以来，人们一直认为彗星是来自原行星盘的原始残余物，原行星盘曾经包围着新生太阳。同样，人们还认为它们可能保持着数十亿年来一直没有解开的与太阳系诞生有关的秘密。然而，大量研究逐渐发现，我们看到的彗星似乎已经受损。杰维特说："有力证据证明它们中的很多几乎是被烧毁的庞然大物，它们的大小、质量、形状，以及旋转方式都跟它们进入太阳系以前不一样。因为彗星是由冰构成，因此它们没被完全烧掉，我们通过研究彗星冰结构的化学成分，可能能了解大量有关太阳系形成的知识。"

24. 吞吐亦能——霍金修正三十年前黑洞理论

芝加哥大学的肖恩·卡洛尔用形象的语言向我们描述：想象你把一本百科全书抛进太阳，一定会烧得丝毫不剩。但是从原则上讲，如果科学家知道关于太阳和百科全书的所有可能知道的一切，他们可以通过搜集外射的阳光，最终重组百科全书的信息。

然而，如果一本书、一台冰箱或电视被丢进30年前霍金理论中的黑洞，这个黑洞的辐射中将不会透露任何有关被丢进去的东西的信息。如今霍金的修正，正是推翻了这一关键论点。

科幻小说与侦探小说的双料爱好者必定会欣赏一种从这个世界消失得最彻底的方法："坠"入黑洞。也许"坠"字用得并不恰当，但当某人不幸到足以接近黑洞边界，无比强大的引力场一定会将他吞噬，不留丝毫痕迹。

那么，进入黑洞以后会发生什么呢？一些充满奇思妙想的看法认为，黑洞是离开我们所处的宇宙，进入另外一个平行宇宙的通道。类似的异想还有：黑洞是逆转时间的枢纽，是进入时间隧道的必由之路。

且让我们听听对此问题最有发言权的史蒂芬·霍金的话吧："就像我认

为的那样，宇宙不存在其他平行的分支，所有的信息都牢牢地记录在宇宙中。如果你跳进一个黑洞，你的质量能量最终被返回到宇宙，不过是以极为紊乱的形式。这些信息中将包括你长什么样之类的信息，但是对人类来说却是不可识别的。”

自我修正

在都柏林举行的第17届国际广义相对论和万有引力大会上，霍金这番话引起听众会心的笑声。而他演讲的主要内容则让物理学家们微微有些吃惊和兴奋，因为他推翻了自己29年前提出的黑洞理论。

最初人们认为，由于黑洞质量巨大，进入其边界，也即所谓“活动水平线”的物质（甚至光线）都会被其吞噬，永远无法逃逸。1975年，霍金以数学计算的方法证明黑洞并非完全的“黑”，而是不断“蒸发”，即向外辐射极其微量的能量，并且所有的黑洞最终都将因为质量丧失殆尽而消失。这种辐射被命名为“霍金辐射”。

但是霍金的黑洞理论存在一个缺陷。他认为黑洞辐射不包含以前吸入物质的相关信息，一旦黑洞消失，曾经存在的黑洞的相关信息都不可追寻。而根据量子理论对亚原子世界的描述，这种信息不可能就这样消弭于无形，这一难解的矛盾被称为“黑洞悖论”。当时霍金辩称：黑洞的引力场过于强大，量子力学的定律并不适用。不过这一解释并不能令学术界信服。

如今的霍金改变了看法。他在大会发言中指出：黑洞内部的信息并不会丢失。他的同事吉本斯透露，此前霍金在剑桥的一个讨论会上曾大致介绍其研究工作，与传统黑洞理论不同的是，在霍金的新理论中，不再存在分隔黑洞内外事件的视界，而黑洞最终会释放出信息，尽管是以一种“被撕碎”的无法辨识的方式。

以往关于黑洞的最大难解之处是：物质如何能真的“消失”在黑洞里，而不留下一丝痕迹？平行宇宙的想法正是为应付这一困境。如果霍金的新理论成立，那么被黑洞吞噬的一切，最终将被慢慢地释放回我们的宇宙。

愿赌服输

霍金及加州理工学院索恩教授同加州理工学院的普瑞斯基尔教授曾立下了一个打赌的字据。霍金认为黑洞永远不会释放其内部隐藏的信息，索恩是他的支持者及赌局合伙人，而普瑞斯基尔则持相反观点。

赌注是一本棒球百科全书，其寓意是从百科全书中可以获取“信息”。霍金说：“在英国，很难找到这本书，所以，我只能用板球百科全书代替了。”赢家普雷斯基尔很高兴，但对霍金21日演讲的内容还不完全理解，他急切地盼望霍金公布论文，以便进一步研究。

霍金是科学赌局的热衷者，虽然屡赌屡败，却有着“无怨无悔、愿赌服输”的标准赌徒精神。20世纪80年代霍金与索恩曾为天鹅座打赌，这是一个由两颗恒星组成的双星系统，观测表明一颗绕另一颗旋转，这后一颗人们猜测就是黑洞。

霍金认为它不是黑洞，而索恩则持相反看法。越来越多的观测数据让赌局日趋明朗。根据索恩的记录，1990年6月的一个深夜，霍金及其助手闯入他在加州理工的办公室，找到打赌凭证，写下认输的便条，并加盖了霍金的拇指印。索恩获得了一年的男性杂志《阁楼》，据说由此引来了索恩夫人的不满。

在1991年关于裸奇点是否存在的赌局中，索恩和普瑞斯基尔为正方，而霍金继续充任反方。奇点是时空中时空曲率变成无穷大的点，通常只应存在于黑洞内部；裸奇点则是不被黑洞围绕的时空奇点。1997年，霍金承认裸奇点在特殊情况下是可以形成的，然后输给了索恩和普瑞斯基尔两件可以用来“遮蔽裸体”的T恤衫，上面写着“自然界憎恨裸奇点”。

殊途同归

较少为人所知的是，“黑洞”的父亲也即原子弹之父——奥本海默。1939年，奥本海默及其弟子斯奈德发表文章指出：一颗恒星在内部核反应终止后，可能会因为引力的作用，坍缩演化为一个质量惊人、致密无比的物体，甚至光也无法摆脱其引力束缚。

这个观点受到当时物理学界的集体批驳，著名物理学家朗道甚至建议修改量子力学，以避免黑洞的出现。此后，奥本海默因为研制原子弹，中断了黑洞研究。直到20世纪60年代，科学家们才开始重新认真思考这种极端物体。曾经坚决反对的著名物理学家惠勒（氢弹的主要设计者之一）戏剧性地改变立场，成为这一领域最重要的理论家，并于1969年命名“黑洞”。

根据黑洞的特征，黑洞是无法直接观测到的，人们只能通过间接观测证据来证实其存在，如研究发出的辐射和对相邻恒星的引力作用。2004年2月18日，欧美天文学家首次找到黑洞会“吃”恒星的证据，这颗恒星在超大质量黑洞的引力作用下伸展，直至被扯得四分五裂；6月29日，美国斯坦福大学的天文小组在距地球约127亿光年的大熊座星系中央发现了迄今为止最庞大、最古老的黑洞，其质量是太阳质量的100多亿倍……这些观测结果丰富了人们对黑洞的研究。

在霍金的路径之外，还有不少科学家试图揭开黑洞的秘密。美国俄亥俄州立大学马图尔等人就发表论文，运用弦理论（根据弦理论，宇宙万物并非由点状粒子组成，而是由细小的、可振动的一维弦所组成）构建了一个黑洞模型，其霍金辐射包含了黑洞的内部信息。这一研究成果尽管只是针对一个特殊黑洞，而非天体物理学中最普遍黑洞，但弦理论在黑洞研究中已经显示出越来越重要的地位。

"霍金如今确证了弦理论物理学家在过去十年内一直说个不停的理论。"哈佛大学的安德鲁·斯佐明格这样说道。

25. 地质推断——计算地球年龄

品尝一下海水的味道，我们会发现它又苦又咸，这是因为海水中含有盐。海水中的盐被认为是陆地的降雨冲刷地表，最终将溶解的物质带入大海的。人们已经知道海水中的总含盐量是1.6亿亿吨，而每年流水由陆地搜刮走的盐分是1.6亿吨。这样，用后一个数去除前一个数，就可以得到地球的年龄，结果是1亿年。但是需要提醒的是，现在的地球与过去的地球是不同的。现在，地球上有许多崇山峻岭，而在远古，陆地的面积要小得多。这一事实足以影响单位时间内盐分的冲刷量。而且海水由于干燥的气候，会沉积一定量的盐分，也就是岩盐，因此我们在计算海水总盐量时理应把它们包括在内。因此，地球的年龄应该远远超过1亿年这个数字。

另一些人按照沉积物的厚度来估计地球的年龄。1964年，有人估计世界各地寒武纪以来沉积物的总厚度是450 000英尺，按照每1 000年海洋中沉积1英尺沉积物来计算，从寒武纪到现在，大约为4.5亿年，而在寒武纪之前，地球还有很悠久的岁月。

上面提到的两种方法都只能给人们一个推算的数字，而不是整个地球的年龄。太阳系的年龄与地球的年龄差不多，我们还应在自己的家园——地球上找一找，探索更准确的"时钟"。

物理学的一个分支——核物理学，提供了很好的解决方案。地球上的100多种元素中，有一类叫做放射性元素，有一个大名鼎鼎的放射性元素是铀，也就是制造原子弹的原料之一。铀238（238是指这种铀的原子量）会发生衰变，最终变成铅206；另一种天然产生的放射性元素钍232，会衰变为铅208。不论是铅208还是铅206，都不再衰变为其他元素，因为它们不是放射性元素。元素的衰变有个十分奇特的现象，就是它的半衰期是一定的，比如说，1克铀有一半衰变为铅的时间是45亿年，而剩下的一半，即1/2克，再衰变一半的时间还是45亿年，不管环境是高温高压的地下，还是凉风习习的地表，时间总是固定的。因此，如果我们找到一块石头，假定在岩石形成之日并不含铅，那么计算年龄就简单了。我们可以测出现在岩石里含有的铅和铀的量，由于铅全部由铀衰变得来，于是我们就根据铀衰变为铅的速率求得岩石的年龄。乍一听，这真是个好方法。

然而，岩石在形成时不含铅的假设并不可靠，如果岩石原本就掺入了一些元素铅，计算结果就肯定不会正确。幸好科学家们可以通过对比各种同位素的比值来准确计算一块岩石的原始成分，从而确定岩石的年龄。

好方法找到了，剩下的工作就是到世界的每个角落去采集不同的岩石，计算它们的年龄，其中最古老的岩石的年龄应该最接近地球的年龄。目前在地球上找到的最古老的岩石约为 40 亿年，我们不能断定这块岩石就是与地球同龄的，也不能断定是否还能找到更古老的岩石。

但科学家们却十分肯定地告诉我们，地球的年龄是 46 亿年。凭什么这样自信呢？这是因为落到地球上的陨石的年龄全部是 46 亿年。显然，所有陨石的同龄说明它们是一起诞生的，而且基本上可以认为，陨石和地球的年龄是一致的，它们一起形成于太阳系在宇宙中诞生之时。因此，太阳系的年龄就定在了 50 亿年左右。

26. 踽踽前行——摸索了两千年的经度起算点

今天，连小学生都知道经纬度是什么。用经纬度来表示一个地方在地球表面上的位置，这已成为人们的一种常识。为了确定这种认识并付诸实用，人类差不多花费了两千年的时间。

最早的认识

所谓测定经度，就是测定某个地方在地球表面东西方向上的位置。我们知道，同一瞬间位于同一纬度不同经度上的地方，有着不同的时间。例如，当北京是晚上 8 时时，伦敦却是中午 12 时。这种差别启示人们，只要知道了某地的当地时间是多少，将它与世界标准时间比较，就可以推算出当地的经度是多少。因此，测定经度的本质就是测定时间。

早在公元前 2 世纪，古希腊人已经认识到，如果在两个不同的地方观测同一事件，并记下发生这一事件的当地时间，那么，通过计算这两地记下的时间差，就可以求得这两地之间的经度差。问题是怎样来确定两地的时间差呢？

古希腊天文学家喜帕恰斯提出，可以用观测月食来解决这一问题。因为无论对地球上的哪一点来说，月亮进入地球的影子区，是严格在同一瞬间发生的，或者说月食是同时开始的，这起着标准时间的作用。只要记下两地观测到的月食开始时刻，也就是两地看到月食开始的当地时，人们就可以求得两地的经度差了。

但是，喜帕恰斯没有具体解释，应该如何来测定每个地方的地方时。在当时说来，能够用来作为计时仪器的是日晷，这是一种依靠太阳照射下产生的影子来计时的仪器。而当月食发生之时，太阳已落到地平线之下了，日晷计时无从谈起。因此，喜帕恰斯的设想仅仅是一种理论上的设想，在当时条件下是不可能实现的。

由于月食发生的机会很少，一年中最多不超过三次。为了不放过任何一次机会，据说喜帕恰斯曾编纂了一本六百年月食一览表，真是精神可嘉。

托勒密的贡献

一提到托勒密，人们自然就想起他的“地球中心说”。这学说是他在他的巨著《天文学大成》里详加阐述的。托勒密一生主要有两部巨著，另一部是八卷本的《地理学指南》。这是他编制的一本地名辞典和地图集。书中给出了几千个地方的地理位置，堪称是一项伟大成就。

在《地理学指南》这部巨著中，托勒密谈到了地理位置的确定问题。他提出了一种等间距的坐标网格，用“度”来进行计算。托勒密可算得上是第一个明确提出经纬度理论的人。他的理论中，纬度从赤道量起，而经度则从当时所知道的世界最西地点幸运岛算起。这一切已经和今天的经纬度概念很接近了。

在托勒密之后的一千多年，关于确定经度的问题，一直没有获得重大进展。

航海业的需要

从13世纪起，欧洲的航海事业获得蓬勃发展。在这些大规模的航海活动中，由于要到达一些距离出发港口十分遥远的陌生地方，用罗盘、铅垂线及对船速的估计，来确定这些陌生地方的地理位置，就很不可靠了，航海家们必须求助于天文方法。

当时已经有了航海历，能够比较准确地预报太阳、月亮和诸行星的位置，以及日食、月食等天象发生的较精确的时间。哥伦布就曾利用1494年9月14日的月食，测得了希斯帕尼奥拉港的经度。也有人曾用月掩火星的机会来测定经度。

然而，所有的天文方法都得依靠月食等一类天文现象，而这些天象却是很难见到的。因此，依靠天象来测定经度，一年中也只能进行几次。而航海事业的发展，却要求随时测定船舶位置的经度。正是这种客观需要，把测定经度的理论和实践大大推进了。

新的突破

随着16世纪的来临，测定经度问题从理论上有了突破。

1514年，纽伦堡的约翰·沃纳在托勒密《地理学指南》一书新译本的译注中，提出了一种确定经度的新原理。他根据月亮相对于背景恒星每小时约东移半度的原理，提出了“月距法”。沃纳认为，可以用一种称为“十字杆”的仪器进行观测工作。

关键性的突破是在1530年取得的。那一年，格玛·弗里西斯在他的著作《天文原理》一书中指出，只要带上一只钟，使它从航海开始的地方起一直保持准确的走动，那么，到一个新地方后，只要一方面记下这只钟的时间，另一方面同时用一台仪器测出当地的地方时，这两个时间之差也就是两地的经度差。这就是所谓的“时计法”的原理。

实际上，测定经度的关键也在这里：一方面需要有一架走得很准的钟，以记录起算点的时间，另一方面必须用天文方法精确地测出当地的地方时。这两点在16世纪时都做不到，因此，“时计法”再好也只能停留在理论上。然而，随着欧洲各国与印度的海上贸易越来越频繁，确定海上船舶位置的经度变得更为迫切了，以至一些有关国家不得不采用悬赏来寻求解决办法。

悬赏征求经度

1567年，西班牙国王菲利浦二世为解决海上经度测定问题，提供了一笔赏金。金币的吸引力固然大，但要得到它可真不容易。

1598年，菲利浦三世为能够“发现经度”的人提供了一笔总数为9千块旧金币的赏金，其中1千块作为研究工作资助。然而，始终没有人能够有幸领取这笔为数不小的赏金。

差不多与此同时，荷兰国会为解决经度问题提供了一笔高达3万弗洛林的奖金，以当时的兑换比价计，相当于9千英镑！

据说，葡萄牙和威尼斯也提供过数量不等的经度奖，此风盛行一时，直到18世纪初，法国议会还在为有关进一步研究经度测定的工作，提供各种单项赏金。

伽利略请奖

应征西班牙经度奖最有名的人物，当数意大利天文学家伽利略。

伽利略用他制作的望远镜，发现了木星的卫星和卫星食现象。卫星食出现的时刻，对地球上任何地方的人来说几乎是严格相同的，因而就可以利用这一现象来测定两地的经度差，其原理同月食法是一样的。而且木星的卫星食的现象，平均每个晚上可以发生一两次，比一年只有一两次的月食要常见得多。因此，只要能对木星的卫星食现象作出准确预报，测定经度的问题也就基本解决了。

1616 年，伽利略以这个方法向西班牙申请经度奖，但西班牙人对此不感兴趣。经过一番旷日持久的书信往来，到 1632 年，伽利略放弃了应征西班牙经度奖的念头，1636 年，他向荷兰进行试探，并声明为了完善他的预报表，已花了整整 24 个年头。荷兰议会有意要采纳他的建议，但是，双方的磋商十分困难，因为这时伽利略由于宣传哥白尼的日心说而实际上已经被软禁在佛罗伦萨郊区的家中，受到宗教裁判所的严密监视。据说，宗教裁判所拒绝让伽利略去接受荷兰政府奖赏给他的金项链。

1642 年，伽利略与世长辞，他发现的测经度方法也无法付诸实现。但是，人类在解决经度测定问题上，仍然朝着既定的目标在一步一步地迈进。

建立天文台

1657 年，一个新的转折点出现了。著名的荷兰天文学家、物理学家惠更斯发明了摆钟，从而为测定经度提供了高精度的计时仪器。

在这之前，巴黎皇家学院的医生兼数学家莫林，由于考虑了月亮视差的效应，从而对测定经度的月距法作了重大改进。他提议要使他的这一建议付诸实用，应该建立一个天文台来提供必要的资料。莫林的提议推动了经度测定工作的进展，因为天文台的建立，对解决经度测定问题起了重大的作用。

17 世纪下半叶，法国国王路易十四在他的财政大臣科尔伯特的鼓动下，决心使法国在科学上及海上处于世界领先地位。1666 年，成立了法国科学院，1667 年，建立了巴黎天文台。

在英国，1662 年建立了伦敦皇家科学院。1667 年初，皇家科学院开始制订建立天文台的计划，经过许多人的努力，终于在 1676 年 9 月 15 日建成了格林尼治天文台。天文学家约翰·弗兰斯提德为第一任台长，并于第二天立即开始用台上的大六分仪进行天文观测。

各国天文台的相继建立，为编制高精度的天体位置表铺平了道路。1757 年，船用六分仪问世。这是一种手持的轻便仪器，它可以测量天体的高度角和水平角，将所得结果与天文台编制的星表对照，就可以测定船舶所在地的当地时间，从而最终解决了海上船舶的经度测定问题。此时距离喜帕恰斯的月食法，已经有两千年之久。

各行其是

一个地方的经度值与起算点有关，起算点不同，同一个地方的经度值也不同。通过起算点的经度线，称为“本初子午线”。

要画出一张世界地图来，首先必须确定本初子午线的位置，这样，世界各地的地理位置才能相应确定下来。因此，具有国际性的本初子午线如何确定，必须为世界各国所确认。否则的话，大家都有自己的本初子午线，结果便会带来很大的混乱和麻烦。

最早，喜帕恰斯用他进行观测的地点——爱琴海上的罗德岛，作为经度起算点，而托勒密则用幸运岛（即现今的加纳利群岛，位于大西洋中非洲西北海岸附近）为起算点。当时认为这就是世界的西部边缘，对于把地球当做扁平的一块大地的人们来说，这里就是世界的起点。

到中世纪时，各国更是我行我素，通常都各自选择其首都或主要的天文台作为本初子午线通过的地方。而航海家们则又另搞一套，他们通常采用某一航线的出发点作为起算点，因而就有“好望角东26°32′”这一类的表示法。

直到18世纪初，大部分海图的原点仍取决于绘制、出版这张图的国家所定的原点。在法国，甚至在同一张地图上还会出现多种距离的比例尺，真是混乱不堪。

最初的尝试

由本初子午线不统一所造成的混乱，很早就引起了人们的重视，也屡次有人试图解决这个棘手的问题。

1634年4月，红衣主教里舍利厄在巴黎召开了一次国际性会议，邀请当时欧洲最杰出的数学家和天文学家参加，目的在于确定一条为世界各国所认可的本初子午线。会议结果选中了托勒密所定的幸运岛，更严格地说来，就是加纳利群岛最西边的耶鲁岛。后人把这个起算点称为“里舍利厄本初子午线”。

实际上，这次会议的召开，有一半原因是出于政治动机。因为本初子午线的划定，实际上是势力范围的重新划分。法国国王路易十三在1634年7月的一道命令中就提到：“法国军舰不应该攻击任何位于本初子午线以东以及北回归线以北的西班牙和葡萄牙舰只。”意思是说，那个地区是西班牙和葡萄牙的势力范围。

一笔交易

1767年，根据格林尼治天文台提供的观测数据绘制的英国航海历出版了。这时，英国已取代西班牙和荷兰等国，成为头号海上强国。它出版的航海历自然也广为流传，并为其他国家所仿效。这意味着格林尼治已开始成为许多海图和地图的本初子午线。

1850年，美国政府决定在航海中采用格林尼治子午线作为本初子午线。1853年，俄国海军大臣宣布，不再使用专门为俄国制定的航海历，而代之以格林尼治为本初子午线的航海历。这些决定为后来的决定打下了一个基础。

从1870年起，各国的地理学家以及有关学科的科学家们，开始全力为全世界的经度测定寻找一个公认的国际起算点。然而，意见并不是一下子就能取得统一的。甚至当著名的铁路工程师弗莱明提出，对世界各国来说应该有一个公共的本初子午线时，像皮阿齐这样的著名天文学家居然反问道："如果一定需要这样一个公共的原点，那为什么不选取埃及的大金字塔呢?"连科学家的认识尚且如此，其他人的观点可想而知了。

1883年，在罗马召开的第七届国际大地测量会议考虑到，当时90%的航海家已根据格林尼治来计算经度，因而建议各国政府应采用格林尼治子午线作为本初子午线。会议还提出，当全世界这样做的时候，英国应该将英制改用米制。拿格林尼治作本初子午线来交换英国改用米制，这里面似乎还有一笔"交易"呢！

投票决定

问题直到1884年才得以最后解决。那年的10月1日，在美国的发起下在华盛顿召开了国际子午会议。10月23日，大会以22票赞成、1票（多米尼加）反对、2票（法国、巴西）弃权通过一项决议，向全世界各国政府正式建议，采用经过格林尼治天文台子午仪中心的子午线，作为计算经度起点的本初子午线。

这次大会的决议还详细规定，经度从本初子午线起，向东西两边计算，从0°到180°，向东为正，向西为负。这一建议后来为世界各国所采纳，成为今天我们用来计算经度的基本原则。

1953年，格林尼治天文台迁移到东经0°20′25″的地方，但全球经度仍然以格林尼治天文台的原址为零点来计算。现在在那里有一间专门的房间，里面妥善保存着一台子午仪。它的基座上刻着一条垂直线，那就是本初子午线。许多旅游者都要站在这间房间的门口摄影留念：瞧，我的两条腿分别站在东西两半球上！

27. 并非妄想——宇宙最终解体死亡

宇宙在大爆炸不到万亿分之一秒内，经历了一个急速膨胀的过程。

宇宙膨胀速度正不断增加，我们的星系团将以超越光速的速度远去。

我们身处的宇宙已有近140亿岁了。它创造出了各种事物的原料，如恒星、行星、树、城市、汽车，甚至人类。我们的世界已经完成了。但宇宙仍在演变，它的结局到底怎样？目前，科学家提出了很多关于宇宙灭亡的推论。

有个说法指出，宇宙会耗尽能量并停止膨胀，恒星、星系、行星和所有原子都会开始塌缩，紧缩成针尖大小，这被称为大坍缩。

要了解宇宙是否会发生崩塌，科学家就必须先弄清，宇宙是否仍在膨胀，或膨胀的速度是否正在减慢。

通过测量1A型超新星的亮度，科学家就可以研究宇宙的死亡。

美国劳伦斯·伯克利国家实验室教授、天体物理学家索尔·普密特通过寻找太空中的标记，研究宇宙的死亡。这些标记就是爆炸的恒星——1A型超新星。

他说："只要找到足够的1A型超新星，你就能测量它们的亮度。亮度较高的超新星距离比较近，亮度越来越弱的超新星，一定是离我们越来越远。亮度很低的超新星，距离就很遥远了。"

1A型超新星很像制造重元素的超新星。但1A型超新星有个重要的特点，它们爆炸的亮度都是相同的。

这是因为它们形成的过程都一样。两颗恒星在重力的作用下互相绕行。其中一颗是缩小的高密度恒星，发出高热和白光，它就是白矮星。另一颗恒星则膨胀成庞然大物，它就是红巨星，它的燃料即将耗尽。这两颗恒星互相绕行时，白矮星会吸取伴星的气体，开始年复一年地长大。白矮星的质量达到太阳的1.44倍时，就会崩溃、塌缩，接着爆炸，释放出耀眼的光线和能量。每个1A型超新星都是在相同质量时爆炸。因此，宇宙各处都有相同的亮度和可见度。

宇宙的膨胀速度并未变慢

普密特需要找到数百个1A型超新星，并测量它们远离我们的速度。

通过比较不同时空的超巨星的位置和年代，普密特便能计算出宇宙的膨胀是否在变慢。他得到了惊人的结果：宇宙的膨胀速度并未变慢。

普密特说："我们开始这项计划时，目的是测量宇宙膨胀变慢的速度，但它变慢的速度并不足以让膨胀停止。事实上，膨胀的速度几乎没有减缓。我们完成分析后发现，膨胀并没有减缓，反而是正在加速。”

普密特惊人的发现意味着，宇宙不会停止膨胀，并坍缩成针尖大小的超密物质。事实正好相反，宇宙会不断加速膨胀。宇宙正在解体。

大约在1 000亿年后，所有的星系都会瓦解，宇宙的结局是一切都会陷入停顿。美国凯斯西储大学劳伦斯·克劳斯教授说：“宇宙的膨胀速度不断增加。直到一切都分崩离析，这并不只限于星系，还包括物质、地球、恒星、行星、人类和原子，所有的事物都会烟消云散。”宇宙中将只剩下孤立的恒星，这些恒星的能量也即将用尽。有些恒星会变成白矮星或褐矮星，有些会塌缩成中子星或黑洞。大爆炸之后数千万亿年，就连黑洞也会消失。所有的物质都会分解成最基本的成分。原子也会分解。最后，连构成原子的质子也会发生衰变。

克劳斯表示，宇宙的未来很可能非常凄凉，成为寒冷、黑暗和空虚的地方。随着宇宙的不断膨胀，星系也开始互相远离。太空会变成一片空虚、死一般寂静。我们的星系团将以超越光速的速度远离我们，并消失在黑暗中。

最后，一切都会陷入停顿，这就是宇宙的结局。宇宙最后将会死亡，剩下的，只有冰冷、黑暗、死气沉沉的虚空。

28. 伟大研究——宇宙大爆炸理论的产生

宇宙曾经很小的概念，源自美国天文学家埃德温·哈勃的伟大研究。在20世纪20年代，大多数天文学家都认为，夜空中所有的可见物体都是恒星，都是银河系的一部分。但哈勃却不这么认为，他研究了旋转的仙女座星云后，发现其中有很多恒星，表明它是银河系之外的另一个星系。哈勃证明了其他星系正渐渐远离银河系。星系和我们的距离越远，远离的速度似乎也越快。这说明宇宙正在膨胀。

如果宇宙真的在膨胀，那么，它过去一定比现在小得多，总归要有个开始。于是，大爆炸理论诞生了。

当然，没有人知道大爆炸时具体发生了什么。但科学家相信，起初，宇宙中空无一物，没有空间和时间。接着，就有了光，有个小光点出现了，它的温度极高。在大爆炸最初的一刻，宇宙中的所有事物，所有星系中的物质和能量，都被包含在这个比一个原子还小的区域里。这个小火球就是全部的空间，时间就从这里开始。

宇宙是如何一步步长大

小光点迅速成长，时间不断流逝，空间也不断膨胀。

在大爆炸后的百万分之一秒，宇宙已从比一个原子还小，膨胀到了太阳系的8倍大。

在大爆炸后38万年，宇宙已经膨胀到银河系的大小，温度从华氏数十亿度冷却到了几千度。

在大爆炸后的90亿年，生命所需的所有元素都出现了。宇宙已经发展成了一个浩瀚复杂的空间，拥有数十亿个星系和无数恒星。在银河系的一个寂静的角落，一大团尘埃和气体开始聚集。它是一个大质量超新星遗留下的碎屑。达到临界质量时，这团碎屑开始猛烈燃烧，一颗恒星诞生了，它就是我们的恒星——太阳。

尘埃和气体在新恒星的轨道上形成漩涡状的圆盘。在重力的牵引下，这个环状结构中的尘埃和气体开始碰撞。尘埃和气体团越来越大，行星诞生了。地球就是这些行星中的一颗。

29. 事出有因——地球生物灭绝完成的几个阶段

2.5亿年前，是什么灾难导致了地球上的生物大灭绝？人们曾认为大灭绝是一次性完成的，由外星体对地球的撞击引起的可能性较大，而中国地质大学学者的研究成果却提出：当时生物灭绝至少是分两个阶段完成的。

发生在2.5亿年前的生物大灭绝造成了陆地70%、海洋90%的生物物种永远消失，而浙江长兴煤山剖面则是记录2.5亿年前生物灭绝事件的代表地点。中国地质大学谢树成教授、殷鸿福院士等人与英国学者携手，对煤山二叠纪—三叠纪界线附近的分子化石进行研究，发现至少存在两次生物危机。

谢树成教授等人在煤山剖面的分子化石中分离出一类来自海洋食物链底层蓝细菌的标志化合物，根据这个化合物在剖面上随时间变化的规律，计算出在二叠纪—三叠纪界线附近至少存在两次蓝细菌的剧烈变化。这种标志性化合物的含量在煤山剖面第26层和第29层分别出现两个最高值，意味着蓝细菌先后迎来两个繁衍高峰。

研究同时发现，在煤山地层的第25层和第28～29层出现无脊椎动物的两个灭绝高峰，正好发生在蓝细菌的两个繁衍高峰之前，两者有很好的耦合关系。

谢树成指出，每次动物灭绝后，处于生态系统底层的蓝细菌便相继出现繁衍高峰。这种耦合关系反映了微生物和无脊椎动物对灾变事件的共同响应。

谢树成表示，弄清楚生物灭绝到底是一次性完成还是分阶段完成的，对探究灭绝原因有着极为重要的意义。煤山的研究可以表明，2.5亿年前的这次生物大灭绝呈现出多阶段特点，主要的动因可锁定在地球内部，而并非来自地球外部。

30. 蒙昧之时——窥探早期的宇宙

一只体积为80万立方米的气球上有一套灵敏的、名为BOOMERANG的微波探测器，1998年年末，气球在南极上空盘旋了10天，然后在气流的作用下，回到了施放地点。BOOMERANG在空中控测了宇宙微波背景（CMB）下扰动的大量样本，其中，CMB是从各个方向袭击地球的持续的电磁声波。这些遥远的声音是大爆炸之后的遗留辐射。

CMB能够揭示宇宙的形状。依据相对论，我们生活的包括时间和空间在内的四维“薄片”可以被弯曲。多年来，天体物理学家一直在寻找弯曲的空间—时间可能扭曲遥远物体形状的方式，天文学家有望因此说出我们生活的空间的形状：是球状的？还是鞍状的？或者都不是？BOOMERANG和其他CMB的实验则说明，扰动并未出现在弯曲空间之中应当发生的扭曲。

尽管天文学家将这作为扁平宇宙的证据，BOOMERANG其他一些数据却让他们感到惊讶。理论计算表明，微波背景下的扰动在许多不同的尺度下都会发生，每一种对应着数据上的一个“峰值”。BOOMERANG看到了对应着约1度大小扰动的峰，按理还应该出现一个半度的峰，但是没有。宾夕法尼亚大学的物理学家Max Tegmark说：“这很有趣，我心里恶作剧的一面也希望发生这种事情。”

缺失的峰意味着天体物理学家必须拧动，或者说修改他们的有关宇宙形成的模型。如何准确地做到这一点大大依赖于将来的数据结果。

31. 新星喷发——关于老年太阳爆炸的猜测

太阳核心的氢完全聚变为氦以后，步入老年。这时，核心会发生坍缩，因而使压力增大，温度升高。这一方面使太阳逐渐膨胀为一颗红巨星，体积增大一倍，一部分外层大气被逐渐释放到太空中去；另一方面使氦发生聚变为碳的反应，逐渐在太阳内部形成一颗白矮星，它的中心是碳，往外是氦和氢。

白矮星的密度很大，引力极强，它会吸引太阳外层的物质。但由于太阳的质量不大，又没有伴星，其内部的白矮星不可能因此增大到极限质量，那就是使白矮星的碳核心发生爆炸，将整个太阳炸毁；或者使碳发生聚变反应，生成一个铁核心，形成一个中子星，最后发生超新星爆发。

太阳内部的较小的白矮星，在其核心的氦耗尽发生坍缩时，内部的压力和温度虽然升高了一些，但远不能使碳发生爆炸或聚变反应，却使太阳的亮度增大 2 000 倍，体积增大 100 倍，太阳的外层物质因喷射释放而消失，白矮星被裸露出来。这种坍缩引起的能量和物质释放是巨大的，对其他恒星不造成破坏性的影响。因此，天文学家并不将它称为“爆炸”，而被叫做“新星爆发”。

32. 宇宙“暴力”——超级黑洞喷射物轰击邻近星系

天文学家观测到宇宙中的一种“暴力”行为：一个“死亡恒星系”中的一个超大质量黑洞喷出的致命放射物和能量，轰击邻近的星系。

据美国宇航局发表的一项最新研究显示，部署在太空和地面的望远镜已经捕捉到在宇宙中发生的这次剧烈爆炸的场面，人们以前从没目睹过这种壮观景象。纽约海顿天文馆的馆长、天体物理学家尼尔·德格拉瑟·泰森说：“它就像一个欺小凌弱的恶棍，一个黑洞恶棍挥拳击中了从身边经过的一个星系的鼻子。”

望远镜拍摄的图像显示，这个横行霸道的星系将一连串致命的放射性粒子喷射到另一个星系较低的部分，这个星系的体积只有前者的十分之一。两个星系距离地球大约都是 132 亿万亿千米，它们彼此绕行。

这个星系有一个用多位数字为代码的名字，但是其中一个发现这种银河恃强凌弱行为的研究员、哈佛—史密斯索尼安天体物理中心的丹尼尔·埃文斯将它称做“死亡恒星系”。英国赫特福德大学的马丁·哈德斯特表示，数千万颗恒星和大量围绕它们运行的行星，都有可能在这种致命的放射物的喷射范围内。埃文斯表示，如果地球处在这个范围内，死亡恒星系喷出的高能粒子和放射物大概只要用几个月的时间，就能破坏掉地球的臭氧保护层，并缩小具有保护作用的磁气圈。这样，太阳和喷射物就能用高能粒子对地球进行狂轰滥炸。这种情况会对地球上的生命产生什么影响呢？泰森说：“会分解掉它们。”埃文斯说：“地球会成为不毛之地。”

这次放射物袭击发生的时间相对较短。哈德斯特估计它不超过 100 万年，它的喷发时间还能再持续 1 000 万年到 1 亿年。埃文斯说：“这确实是一场特别惊人的剧烈行动。黑洞喷出的物质猛烈地冲入邻近星系的下半区，之后这些喷射物开始旋转，改变路线。”泰森表示，这种现象的好处是，数百亿年后，这些被神秘放射物加热和压缩的热气区域能形成恒星。现在天文学家仍然不清楚这些喷射物的内部组成和工作原理。

33. “幽灵”出壳——银河系中游荡着上百个黑洞

通过数值模拟，美国研究人员发现银河系中可能游荡着上百个质量几千倍于太阳质量的黑洞，当自转速度各异或大小不同的两个黑洞合并时，动量守恒会使新形成的黑洞沿任意方向以 4 000 千米每秒的速度迅速离去。

这个速度比之前估计的要高得多，而即使是模拟得到的平均速度 200 千米每秒也比一般天体的逃逸速度高很多。这意味着球状星团中的任何一次这样的黑洞合并都会使新黑洞逃离原来的栖息地，因为球状星团的逃逸速度还不到 100 千米每秒。

研究人员进一步模拟了中等质量黑洞与球状星团中富含的小质量黑洞的合并，发现即使每个球状星团最初只有一个中等质量黑洞，合并形成的新黑洞也仅有 30% 会留在原来的星团中。按照最大胆的估计，目前仅有不到 2% 的球状星团中还有中等质量黑洞。

银河系中共有 200 个球状星团，如果它们其中都孕育了至少一个中等质量黑洞，那么可能已有 100 多个黑洞摆脱了星团的束缚而游荡在银河系的各个角落，等待着送上门来的星云、恒星和行星来美美地大餐一顿。但研究人员表示，这些游荡的黑洞不会对地球造成威胁，因为它们形成的威胁地带仅有几百千米的半径。

34. 返璞归真——宇宙的“前世之缘”

美国一位理论物理学家称，根据他建立的一个新时空数学模型，我们的宇宙并不是无中生有诞生的，它还有“前世”。

根据现行理论，科学家一般认为宇宙是 137 亿年前诞生的，这个被称为宇宙大爆炸的事件是一切的起点，包括时间和空间。在大爆炸开始的瞬间，宇宙中的一切都被压缩在一个“奇点”——体积为零、密度无限大的点中。在大爆炸之前，没有物质、空间和时间。

但美国宾夕法尼亚州立大学的理论物理学家马丁·波乔瓦尔德在《自然物理学》杂志上发表论文称，大爆炸并不是时间的起点，我们的宇宙是前一个宇宙收缩之后因“反弹”而再度膨胀产生的。

波乔瓦尔德的模型是以“圈量子引力论”为基础建立的，“圈量子引力论”是一种试图将爱因斯坦相对论与量子力学相结合的理论。波乔瓦尔德说，模型显示，在大爆炸开始的一瞬间，我们的宇宙体积非常小但并没有小到零，能量极大却不是无穷大，并不是“奇点”。

模型还显示，大爆炸很可能是前一个宇宙的灭亡所触发的。与我们正在加速膨胀的宇宙不同，大爆炸开始之前，宇宙的“前世”处于收缩状态。计算表明它并不能收缩成一个没有体积的“奇点”，因为当温度和压力变得极大时，引力会变成斥力，阻止宇宙进一步收缩。

根据计算，由于积蓄的引力能量非常大，宇宙收缩到一定程度后会发生“大反弹”，就像皮球重重地砸在地上之后会反弹起来。波乔瓦尔德认为，“大反弹”触发了当前宇宙的膨胀，在我们这个宇宙中还有可能找到其“前世”遗留下来的痕迹。

这个模型意味着大爆炸不是时间的开始，宇宙可能有着无限的过去与未来。但一些专家认为，波乔瓦尔德的这一假说还有待验证。

35. 生机勃勃——美国宇航局发现最“年轻”行星

美国宇航局（NASA）的斯皮策太空望远镜发现一颗形成不超过一百万年的“婴儿”行星。天文学家表示，这颗行星很可能是目前已知的所有行星中最为“年轻”的。

这颗“婴儿”行星大约诞生在100万年前，属于距地球420光年的金牛座，并围绕着一颗年龄与之接近的恒星公转。但科学家同时表示，斯皮策太空望远镜并没有真正看到这颗行星，它的存在是科学家根据望远镜观测结果作出的推断。

天文学家利用斯皮策红外线望远镜对金牛座55颗恒星进行了观察。他们发现这些恒星都带有尘埃盘。斯皮策太空望远镜在金牛座“Co Ku4”号恒星周围的灰尘带发现了一个类似炸面圈的洞，尘埃盘上发现一个环状区域没有尘埃。科学家根据目前通行的行星形成理论推断，这可能意味着该处的尘埃物质已经聚集形成了一颗行星。这颗行星可能是通过把周围的灰尘凝聚在一起而产生的。

目前研究人员已经发现了100多颗太阳系外的行星，但这些行星基本都在10亿岁以上。

斯皮策太空望远镜还发现在一些刚形成不久的恒星周围的行星构筑带上则拥有大量的冰状物质，这些冰状物质对研究彗星的起源有很大帮助。此外，斯皮策太空望远镜还在人马座上观测到300多个刚形成不久的恒星。

36. 循环利用——美国太空植物园实现封闭可再生

“一切都应得到循环再利用”，这是美国国家航空航天局佛罗里达肯尼迪太空中心太空生命科学实验室的口号。实验室太空农业研究人员将人、植物和微生物放置在一个封闭的可再生系统中，通过这一自给自足的环境，宇航员可在太空中旅行数月而不必依靠来自地球的补给。

太空舱内能源是稀缺资源，不能用来培育植物，因此太空农业研究人员的任务是用很少的光照培育植物。利用可持续10万个小时、几乎不发热也不耗电的发光二极管是巨大发现。

科学家还发现通过控制光照和二氧化碳浓度可控制植物抗氧化物质的生产水平。植物在恶劣环境中会产生含有类胡萝卜素、黄酮醇和其他抗氧化物质的大量色素，以保护自己免受阳光辐射和过早衰老。

实验室科学家加里·施图特和埃拉索以及物理学家奥斯卡·蒙赫曾组成科研小组，在国际空间站内失重状态下飞行73天，用小麦做了一项光合作用实验。那时，他们只有手提箱大小的实验小花园成了宇航员最钟爱的地方。蒙赫说：“这是至今在太空中做过的最完整的植物实验，我们控制湿度、温度、二氧化碳含量、通风状况、营养物质和光照程度。通过增加二氧化碳浓度，模拟飞船内有更多人的情形，衡量植物生产氧气的效果。我们观察到释放的二氧化碳越多，小麦需要的水分越少，长得越快。”

太空舱内还设置了新通风系统，由于在失重情况下水珠会到处乱飞贴到墙上和叶子上，科学家设计了一套多孔管道系统为植物输送水分和营养，同时向植物根部输送氧气。

蒙赫等还在飞往月球的载人太空舱内进行植物和空气质量实验。他说：“密闭环境会产生各种气味，空气中会充满电子仪器和酒精清洗剂的释放物。我的目标就是让我们月球太空舱的空气像秋风一样清新。”

宇航员都非常感谢有植物在身旁陪伴，它们带来的不仅是氧气和食物。植物对人的心理安慰效果众所周知，在南极科考基地，人们都争抢着去植物温室睡午觉，并且一个天然甜瓜毫无疑问要比压缩、脱水的太空食物美味许多。

37. 大胆推论——美国科学家提出外星文明的“新理论”

美国外星文明研究之父、“SETI”计划创建者弗兰克·德拉克相信，在银河系中至少隐藏着 200 个高度发展的外星文明，然而寻找外星文明的“SETI”计划却至今没有发现任何外星文明信号的痕迹。科学家于是提出了一种“动物园理论”，那就是地球只是外星人的一个“实验动物园”，根据实验规则，外星人严禁和作为实验动物的地球生命进行任何通信联系。

推测：银河系有200个外星文明

“SETI 计划”是世界上最大的计算机网络，任何人只要下载“SETI 计划”提供的程序，就可以在自己的电脑上处理由波多黎各阿雷卡纳特的射电望远镜提供的天文无线信号数据，从中筛选可疑的外星文明信号。到目前为止，全世界已有超过500 万台家庭电脑加入了寻找外星文明信号的“SETI 计划”。

据弗兰克·德拉克称，他相信在银河系的2 000 亿颗恒星和它们的行星中，可能隐藏着至少200 个高度发展的外星文明。而据其追随者评估，这一数字可能在1 万到100 万之间。

现实：至今未收到任何外星人信号

到目前为止，“SETI 计划”的科学家仍然没有发现丝毫外星文明信号的痕迹。而美国 NASA 也正在发起一项耗资100 亿美元的“独眼巨人”计划。

根据该计划，1 000 个望远镜将被按15 千米的间隔安置在一个广阔的区域中，这些望远镜组合起来，可以接收1 000 光年之内的外星信号。

为了让外星文明知道地球人的存在，人类曾多次通过太空船向宇宙深处发送过地球文明的信息，包括绘着地球在银河系中位置的地图、人类的 DNA 密码、巴赫的音乐唱片、埃及金字塔的图片等，然而到目前为止，人类并没有收到任何回应。

解释：外星人被禁止与地球联系

为了解释推测与现实之间的矛盾，科学家提出了一种“动物园理论”，即人类之所以收不到外星文明传来的信号，是因为外星人只是将地球当做了一个实验动物园，外星人在遥远的地方观察着地球的演变。

根据实验规则，外星人禁止和地球生物包括人类进行任何通信联系，所以这是“SETI 计划”几十年没有收到任何外星信号的原因。

还有一种理论认为，外星人将人类当做是“天真的婴孩”，因此很难和人类进行交流。加拿大科学家最近的研究显示，地球的年龄比银河系其他太阳系相似行星的年龄，要年轻20 亿年左右。

38. 理论依据——宇宙飞船能以超光速航行

根据爱因斯坦相对论的质能等价原理，运动物体的动能使物体的质量增大。在宇宙飞船的速度达到光速时，它的质量会变得无限大，因此不可能有足够的能量使它再增加速度。

但是，根据爱因斯坦相对论引力使时空弯曲的理论，超光速宇宙航行又是可能的。因为在弯曲时空中有虫洞连接着相距遥远的各个宇宙区域，如果弯曲时空像一张因弯曲而两端靠近的纸，通过连接两端的虫洞，瞬间就可到达本来是相距遥远的宇宙另一端，这自然是超光速运动了。

还有人设想，创造一种推进系统，将宇宙飞船前面的时空压缩（相对地飞船后面的时空被拉伸），这样飞船在被压缩的时空中，能很快地到达遥远的地方。

上述论点都是以爱因斯坦相对论为依据，但却迥然不同。谁是谁非，尚需深入探讨，最后由实验来验证。

39. 回溯望月——中国农历中的科学秘密

我国的农历由来已久，其渊源可溯于夏朝，故又有“夏历”之称。农历平年为 12 个月，闰年有 13 个月，这已成为人所共知的常识。但是，你可知道农历的闰月是如何设置的，为什么闰月设置在夏季的多，设置在冬季的少呢？在我们的记忆中似乎从未有过闰正月，因而也就没有“闰春节”，这又是为什么呢？问题还得从地球和月亮的运动情况谈起。

年、月、日的定义

自古以来，人类的一切活动都离不开时间。而要计算时间，就必须引入时间的单位。人类的一切活动又都是在地球这个舞台上进行的，因而昼夜交替、四季更迭的现象自然而然地被人们用做最基本的时间单位。

地球的自转给我们带来了时间的第一个自然单位，这就是“日”。地球绕轴自转一周为一“日”，它是昼夜交替的周期。地球绕太阳的公转运动带来了第二个计时单位，就是“年”。地球公转一整周为一“年”，这是四季变化的周期。最后，月亮绕地球的运动为我们建立了第三个时间单位“月”。

任何运动都是相对的，天体的运动也不例外。无论是地球的自转、公转，还是月亮的运动，都需要相对于一些参考点来加以观测。因此，在天文学上由于所用参考点的不同便有不同的“年”、“月”、“日”。我们生活中所用的“日”每天长度相等，称为平太阳日。平太阳日已经不是一种自然的时间单位，它是假定地球公转轨道为一正圆形、地球自转轴与公转轨道平面相垂直时，地球相对太阳自转一周所经历的时间。决定四季变化的时间周期称为回归年，它的长度等于365.242 2平太阳日。最后，月亮圆缺变化的周期称为朔望月，长度等于29.530 6平太阳日。

显然，年和月的长度并不正好是日的整数倍，这就给日常生活中的计时问题带来了一些麻烦。如何利用年、月、日这三个单位来计算时间的方法称为历法，其中包括一年的日数、一年中不同月份的日数如何确定，以及置闰的规律等内容。

阳历和阴历

历法中，年和月的长度是日长的整数倍，它们不再是时间的自然单位，分别称为历年和历月。阳历又称太阳历，是根据地球绕太阳公转周期所定出来的历法。阳历的每一历年都接近于回归年。在一长时间内，历年的平均长度应尽可能与回归年相等。在这一前提下，每年划分为12个历月，它们没有天文学上的意义。因此，在阳历中便采用与回归年最相近的整日数来计算年的长度，一年365日。

很明显，如果阳历的历年长度每年都为365日，那么由于每一历年比回归年长度短0.242 2日，长此以往，差数不断积累，季节就会不断向后推迟。比如，经过720年后，积累差数达到半年左右，那时春分出现在十月，而七月则成为一年中最冷的月份。这样，必然会造成寒暑颠倒，岁时混乱。为了克服这一点，阳历规定设置闰年，闰年为366日，而把含有365日的年份称为平年。

置闰的规则可用三句话来表示：非世纪年的公元年数能被4整除的为闰年，世纪年（如1900年、2000年）的公元年数能被400整除的为闰年，其余的年份为平年。于是在400年内计有闰年97年，平年303年，平均长度为365.242 5日，和回归年的长度只相差26秒，经过三千多年后才相差1日，这是很精确的了。现行的阳历为罗马教皇格里高里八世在公元1582年所颁布的，并且从第二年起陆续为世界各国所采用，因而又有格里高里历或格里历之称。

阴历又称太阴历，是依据月亮运行的周期所定出的一种历法。制定阴历的原则是使每一历月都接近于朔望月，历月平均长度应等于朔望月。然后，使历年的长度尽可能接近回归年。

由于朔望月的长度为29.530 6日，阴历的历月是大月30日，小月29

日，交替相间，以使历月平均长度接近于朔望月。当然，这样做还是存在着不小的差异，因此在目前伊斯兰教徒所采用的回历中，规定在360个历月（即30个历年）中，大月占191个，小月为169个，从而在历月和朔望月的配合上作了很大的改进。

纯粹阴历的历年也有平年和闰年之分。平年354日，包括6个大月和6个小月。闰年355日，在十二月末增加一天，包含7个大月和5个小月。这种历法并不照顾到历年平均长度和回归年长度的配合，久而久之，两者相差甚大。比如说，对于用阴历记年的一个68岁回族老人来说，实际上他只过了66个春秋。

由于阴历的根本特点在于历月平均长度等于朔望月，每个日期就必然与一定的月相相对应，比如阴历十五大致就是满月。阳历的月是不能反映这一自然现象的。但阴历的历年则不能反映出季节的变化，和农业生产及人们的日常生活脱节，因而已很少为人所用。

阴阳历和节气

阴历的历法完全根据月亮的运动，阳历则完全依据地球的绕日公转。我国沿用已久的农历并不是完全用阴历，也不是完全用阳历，而是两者并用。一方面，农历以月亮绕地球运行一周为一月，平均历月长度等于朔望月；这一点与太阴历原则相同，所以也叫阴历。另一方面，农历设置闰月以使历年平均长度尽可能接近回归年，同时设置24节气以反映季节的变化特征。农历集阴、阳两历的特点于一身，所以称为“阴阳历”。

阴阳历的历月长度和回历一样，有大小月之分：大月30日，小月29日，就是所谓月建。但农历历月的安排却不同于回历，回历中大小月机械地相间排列，而农历的月建大小则要经过推算后决定，比回历更为精密。农历规定月初必合朔，月朔之日定为初一。

月建的大小取决于合朔的日期，即根据两个月朔中所含的日数来决定。由于两个朔望月的长度并不正好为59天，因而一年中的大、小月数也不一定相等，有时可能连续出现两个大月或小月，以使历月的平均长度尽可能与朔望月相近，其剩余的差数则依靠闰月以及闰月月建的安排来调节。

朔望月和回归年是两个难以相合的周期，它们的余数都很零碎，而我国的农历却把作为阴、阳两历基础的这两个自然周期调和得十分成功。早在春秋时代就已发现，如果在19个阴历年中插入7个闰月，那么总长度便和19个阳历年长度几乎相等。这种“十九年七闰法”在古历中称为“闰章”。实际上19个回归年=6 939.60日，而235（12×19+7）个朔望月=6 939.69

日，两者仅差 2 小时 9 分 36 秒。

为了进一步说明农历置闰月的规则，我们先要来对节气作一番解释。二十四节气是我国农历的一大特点。由于长期以来把农历称为阴历，因而不少人都误认为节气属于阴历，实际上节气完全取决于地球的公转，可以称为是阳历的一部分。节气反映了地球在轨道上运行时所到达的不同位置。由于运动的相对性，它们也就是太阳在黄道上运动时所到达的不同位置。规定太阳黄经等于零时称为春分，以后黄经每隔 15°设一节气，共有 24 个节气。从春分开始，依次为清明、谷雨、立夏、小满、芒种、夏至、小暑、大暑、立秋、处暑、白露、秋分、寒露、霜降、立冬、小雪、大雪、冬至、小寒、大寒、立春、雨水、惊蛰。正因为如此，节气在阳历中的日期比较固定。例如，春分总在 3 月 21 日或 22 日。少量变动由阳历历月长度不等以及闰年增加一日而引起。相反，节气在阴历中的日期却是变化不定，同一节气在阴历不同年份中出现的日期前后可相差达一个月。现在我们可以清楚地看到，节气属于阳历而不是阴历。

农历的置闰规则

24 节气又可分为节气和中气两大类，简称为节和气。古人从冬至起中气、节气相间安排，于是小寒为节气，大寒为中气，以此类推。一年共 12 个中气和 12 个节气，一般情况每月各有一个中气和一个节气。每一中气都配定属于某月，不能混乱。

节气的定法有两种。古代历法采用的称为恒气，即按时间把一年等分为 24 份，每一节气平均得 15 天有余，所以又称平气。现代农历采用的称为定气，即按地球在轨道上的位置为标准，一周 360°，两节气之间相隔 15°。由于冬至时地球位于近日点附近，运动速度较快，因而太阳在黄道上移动 15°的时间不到 15 天。夏至前后的情况正好相反，太阳在黄道上移动较慢，一个节气达 16 天之多。采用定气时可以保证春、秋两分必然在昼夜平分的那两天。

农历置闰的方法同中气的划分和采用定气方法密切相关。由于两个节气的长度平均约为 30.5 日，而阴历历月平均约只有 29.5 日，因而每月中节气所在的日期必然会较上一个月推迟 1～2 天。如此下去，总会有一个月只有节气而没有中气。这一个月被规定为闰月，作为该月所在农历历年多余的第 13 个月。既然节气严格按回归年长度周而复始地出现，根据上述规定来设置闰月必然能保证农历历年的平均长度与回归年十分接近。十九年七闰法就是这样来置闰的。

由于定气方法的采用，冬季一节一气的平均长度约为29.74天，比朔望月长不了多少，节气逐月向后推迟得很慢，所以冬季设置闰月的可能性就很小。相反，夏至附近地球运动得慢，交节气也慢，一气可达16天之多，因而夏季及其前后几个月，如农历三、四、五、六、七月，闰月设置较多。在公元1821年到2020年的200年中共有农历闰月74个。其中闰正月、闰十一月、闰十二月一次也没有，而闰五月最多，达16次。无怪乎我们碰不到闰正月，也过不到“闰春节”了。

40. 回忆自传——在“和平”号轨道空间站上的半年生活

1996年3月，美国女宇航员香农·露西德搭乘“阿特兰蒂斯”号航天飞机升空，在“和平”号轨道空间站上生活了188天，下面是她记录的空间站生活：

之一

抵达“和平”号的最初几天，我逐渐了解了两位俄罗斯同事——指挥长奥诺夫里扬科和工程师乌萨乔夫，并掌握了“和平”号的基本构造。“和平”号由一个基座和一个球形对接平台组成。对接平台就像一套房子的门厅走廊，而平台上的6个对接口则相当于通向不同房间的门。

当时停靠在对接口上的有1982年发射的量子-1号功能舱、1986年发射的量子-2号功能舱、1990年发射的“晶体”号飞船和1995年发射的“光谱”号飞船。

之二

我抵达不久，俄罗斯又发射了“自然”号飞船，这是专门为我准备的实验舱。白天，我在“自然”号内做实验，晚上返回“光谱”号就寝。

我们每天日程都由位于俄罗斯首都莫斯科西北郊的科罗廖夫航天控制中心制定，因此“和平”号上实行的是莫斯科时间。控制中心每天都会把下一天的日程安排传给我们。我们把这份日程安排叫做“24小时表格”，我们的生活非常有规律。

8时是起床时间，闹钟一响，我就必须起床，20分内穿好衣服，洗漱完毕。通常，我最先戴上的是通信话筒和耳机，向地面控制中心汇报“我已经起床了”。我们并非每时每刻都可以随心所欲地与控制中心联系，只有当“和平”号掠过某个地面通信站上空时，我们才可以通话。这样的通话机会每90分有一次，每次10分。指挥长奥诺夫里扬科要求我们每个人每次都与地面联系一下，以便接受最新指令。对我来说，与地面通话就像课间休息一样，令人感到轻松愉快。

起床后，我的第一个任务就是与两位俄罗斯同事共进早餐。一起吃饭可以说是“和平”号上最美妙的一件事。原先，我以为太空中千篇一律的伙食很快会让我感到厌倦，但事实上，每顿饭我都吃得津津有味。我们把“和平”号上储存的脱水食物用热水重新泡开，我与两位俄罗斯同事互相给对方调制各自国家的特色菜。我最喜欢的早餐是一袋俄式蔬菜汤加一袋果汁，最对我胃口的午饭是俄式土豆加肉泥，而俄罗斯同事最钟爱的伙食是把所有的东西都涂抹上美式蛋黄酱，然后混在一起吃个痛快。

之三

早餐结束后，一天的紧张工作就开始了。我的工作是为美国航空航天局做各项实验，而我的俄国同事则负责维护和维修空间站。由于当时“和平”号已经超期服役了5年时间，足足是其设计寿命的一倍，所以，奥诺夫里扬科和乌萨乔夫的工作非常繁重。他们得更换老化的零件，每天严格检查“和平”号上供氧及压力舱等对我们生命至关重要的部件。

除工作外，我们每天还得坚持锻炼，防止肌肉在失重状态下萎缩。“和平”号上的健身器材包括基座内的两台跑步机和“晶体”号上的一台自行车测力器。俄罗斯生理学家为我们制定了3套分别长达45分的健身方案，我们每天做1套，如此周而复始。说实话，健身是我在“和平”号上最痛苦的体验。首先，为了重新获得重力感，我必须把一套像马具一样的设备套在身上，然后连接跑步机上的橡皮带，利用橡皮带的拉力使自己稳稳地“站”在跑步机上。其次，由于跑步机噪声巨大，跑步时无法与同事对话，跑步也变得异常单调。为此，我只好戴着随身听，6个月时间里，我把空间站上的所有磁带听了好几遍。

41. 喧腾咆哮——太阳光球上剧烈的“米粒”运动

当我们用专门观测太阳的望远镜观测太阳表面时，会发觉它一直处于剧烈的活动中。

我们所看到的太阳表面，是太阳大气的最底层，厚度约500千米，称做光球。在太阳望远镜中，我们可以看到光球布满了像米粒一样的东西。这些“米粒”被称为太阳的米粒组织。每颗“米粒”的大小约为1 000千米，温度比周围高出约300摄氏度，寿命为几分钟。米粒组织实际上是太阳内部物质强对流运动在太阳表面的表现。光球下的物质在米粒中上升到光球上来，上升的速度在每秒500米左右，冷却后，又下沉到光球下去。

光球上“米粒”的运动虽然已经这样剧烈，但比起黑子、耀斑、日珥等真正的太阳活动现象来，还是只能算宁静的常规运动。

黑子、耀斑和日珥

黑子其实并不黑，它们中心的温度在 4 000 摄氏度以上，亮度仍可与上、下弦时半个月亮的光相比。

天文学家根据近 300 年来的记载，发现太阳黑子活动有 11 年的周期。因此，他们把这 11 年的周期称为太阳活动周。另外，太阳活动还有 22 年、80 多年、170 年左右和 360 年等多种周期。当几种周期同时达到最高峰的时候，黑子相对数就特别高，对地球的影响也特别大。1999 年的中期到 2000 年的中期，正是几个周期达到最高峰的时候，太阳活动比历史上任何时候都剧烈。

太阳上最剧烈的活动现象是耀斑，它们通常都出现在黑子附近。当黑子出现得多时，耀斑出现也更频繁。耀斑产生于太阳光球上面的一层大气层里面，这层大气称为色球。色球层的厚度约为 2 500 千米，所以，耀斑又称色球爆发，或者太阳爆发。

在强磁场的作用下，耀斑可以在几百秒内积聚起极大的能量。这些能量以电磁波以及高能带电粒子流的形式向外辐射。尤其是紫外线和 X 射线的强度，远远超过可见光的强度，并且高能粒子流的速度可达光速的一半。

太阳大气的外层称为日冕，它位于色球之上，伸展的范围超过太阳圆面半径十几倍。在这一层中，有时会发生一种规模最大的太阳活动现象，这就是日珥。日珥由光球一直伸展到日冕里，是一些较稠密的气体流，因而可以在日冕的背景中明显地看到。最大的日冕可以伸展到 4 万千米，呈环状，寿命可达几个月。还有一种爆发日珥，虽然不是很大，但在数小时内剧烈变化，并迅速消失。

太阳活动还有其他一些现象，但最显著、最引人注目的是上述三种。

预报太阳活动至关重要

各种太阳活动，特别是大耀斑，会发射出大量的高能带电粒子，来到地球附近，会在地球两极产生绚丽多彩的极光，但同时会严重干扰地球的磁场和辐射带，使地球上的无线电通信受到阻碍，某些人造卫星上的仪器也有可能遭到破坏，特别是全球的气候环境会发生明显的变化，灾害性天气大大增加。据研究，太阳活动的周期与降水量有很密切的关系。

即使不在太阳活动高潮时，太阳通过日冕，也会发射出带电粒子流。这些带电粒子流称为太阳风。太阳风使得太阳系空间分成四个扇形区域，相邻的区域有不同的磁场极性。太阳风还在地球朝向太阳的一侧形成磁层。当太阳活动增强时，太阳风也跟着增强。地球通过磁扇形边界时，会影响地球电离层中带电粒子的流动方向，进而改变大气环流，使气候出现反常。诸如厄尔尼诺、拉尼娜一类的气候反常现象，追根究底，很可能是太阳活动造成的。

因此，对太阳活动作科学的预报，是天文学的一项重要任务，使人们可以及早采取措施，减小太阳活动引起的灾害。

42. 科学幻想——宇宙中的外星人

在地球之外是否还有像人类那样或者更高级的智慧生命呢？如果有，又能否同他们建立联系呢？今天，人们已开始提出这样一类的问题，甚至着手进行试验性的探索。科幻小说《大战火星人》曾经轰动一时。多年来有关不明飞行物（UFO）的报道频频出现，有人把它同外星人联系在一起而变得更为耸人听闻。

人类力图和外星人联系

1960 年 5 月，美国一些天文学家用射电望远镜观测恒星鲸鱼座 t，试图收到外星人发来的信号。这颗星距我们 11 光年，它在许多方面都同太阳相似。如果它周围一颗行星上栖居了一批技术水平同我们相仿的外星人，那他们也许正在向外发射无线电信号以求与外部同类取得联系。正是这样合乎逻辑的推理，促使人们进行了这项称之为“奥兹玛”的探索计划。计划进行了 3 个月，结果一无所获。

人类也有过向外界发送信息的尝试。1974 年 11 月，美国阿雷西博天文台的大射电望远镜向武仙座星团发送了 3 分钟无线电信号。信号将在 24 000 年后到达目的地。如果届时某一类文明生物已有了大射电望远镜，并恰好指向地球，那也许就会收到我们的信号。当然，要通过这样短的发射来达到目的可能性实在太小了。不过，这毕竟是人类力图把自己的存在告诉别的同类的一次尝试。

就在这次发射之前不久，先驱者 11、12 号飞船上携带了两块特别的镀金铝盘离开地球。铝盘上刻有男女裸体人像、地球在银河系中的位置和有关太阳系的一些信息。后来旅行者 1 号宇宙飞船又携带着“地球之音”的人类信息飞向太空，其中有 115 幅照片和图表，近 60 种语言的问候语，35 种自然声音以及 27 首古典和现代音乐等。

科学家们希望有朝一日这些“信物”会落入外星人之手，从而使他们知道我们的存在，并设法同我们联系。

这些做法能同外星人联系上吗？为了讨论这一问题，还得从行星的诞生谈起。

恒星演化和行星的形成

生命只能出现在能发出光和热的恒星周围的行星上，但并非所有恒星都必然带有行星。星云说认为，恒星是自转着的原始星云收缩形成的。收缩时因角动量守恒使转动加快，又因离心力的作用星云逐渐变为扁平状。当中心温度达700万摄氏度时出现由氢转变为氦的热核反应，恒星就诞生了。盘的外围部分物质在这个过程中会凝聚成几个小的天体——行星。

另一方面，计算机理论模拟计算表明，如果星云物质在收缩过程中没有角动量转移，那结果不会形成一个中央恒星和周围一些小质量行星，而是会形成双星。在双星系统中即使形成行星，不用多久它们也会落入某颗恒星中，或者被抛入宇宙空间，不可能长期在恒星周围存在。

看来大自然给原始星云两种发展的可能：物质保持它原有角动量，演化后形成双星；或者两者在演化过程中恰到好处地分道扬镳，结果生成中央恒星以及绕它运转的行星。

生成智慧生物的漫长过程

生物的进化是一种极为缓慢的过程，所经历的时间之长完全可以同太阳的演化过程相比。化石的研究发现，早在35亿年前地球上就已有了一种发育得比较高级的单细胞生物，称为蓝绿藻类。根据恒星演化理论以及对地球上古老岩石和陨星物质的分析知道，太阳和地球的形成比这种生物的出现还要早10亿~15亿年。太阳系形成后大约经过50亿年之久地球上才有人类。

现在设想把每50亿年按简单比例压缩成1“年”。用这样的标度1星期大约相当于现实生活的1亿年，1秒钟相当于160年。从宇宙大爆炸起到太阳系诞生，已经过去了大约2年时间。地球是在第3年的1月份中形成的。3、4月份出现了蓝绿藻类这种古老单细胞生物。嗣后，生命在缓慢而不停顿地进化。9月份地球上出现了第一批有细胞核的大细胞，10月下旬可能已有了多细胞生物。到11月底植物和动物接管了大部分陆地，地球变得活跃起来。12月18日恐龙出现了，这些不可一世的庞然大物仅仅在地球上称霸了一个星期。除夕晚上11时北京人问世了，子夜前10分尼安特人出现在除夕的晚会上。现代人只是在新年到来前的5分才得以露面，而人类有文字记载的历史则开始于子夜前的30秒。近代生活中的重大事件在旧年的最后数秒钟内一个接一个地加快出现，子夜来临前的最后一秒钟内地球上的人口便增加了两倍。

由此可见地球诞生后大部分时间一直在哺育着生命，但只有很短一部分时间生命才具有高级生物的形式。

行星上诞生生命的苛刻条件

现在我们看到了，智慧生物的诞生要求恒星必须至少能在约 50 亿年时间内稳定地发出光和热。恒星的寿命与质量大小密切相关。大质量恒星的热核反应只能维持几百万年，这对于生命进化来说是远远不够的。只有类似太阳质量的恒星才是合适的候选者，银河系内这样的恒星约有 1 000 亿颗，除双星外单星大约是 400 亿颗。单星是否都有行星呢？遗憾的是，我们对其他行星系统所知甚少，但是确已通过观测逐步发现一些恒星周围可能有行星存在。考虑到太阳系客观存在，甚至大行星还有自己的卫星系统，不妨乐观地假定所有单星都带有行星。

有行星不等于有生命，更不等于有高等生物。关键在于行星到母恒星的距离必须恰到好处，远了近了都不行。由于认识水平所限，我们只能讨论有同地球类似环境条件的生命形式，特别要假定必须有液态水存在。太阳系有八大行星，但明确处在能有条件形成生物的所谓生态圈内的只有地球。金星和火星位于生态圈边缘，现已探明在它们的表面都没有生物。

对一颗行星来说，能具有生命存在所必须满足的全部条件实在是十分罕见的。太阳系中地球是独一无二的幸运儿。详细计算表明，在上述 400 亿颗单星中，充其量也只有 100 万颗的周围有能使生命进化到高级阶段的行星。

另一个限制条件是地外生命应该与地球上生命有类似的化学组成。天文观测表明，除少数例外，整个宇宙中化学元素的分布相当均匀，因而完全有理由相信在遥远行星上也能找到构成全部有机分子所需要的材料。事实上已经在不少地方发现了许多比较复杂的有机分子。因而可以认为，生命在某个地方只要理论上说可以形成，实际上也确实会形成。于是银河系中就会有 100 万颗行星能有生命诞生，不过每颗行星上的生命应当处于不同的进化阶段。

能找到外星人吗

如果我们为 100 万这个大数目感到欢欣鼓舞，认为找到外星人不成问题，那就高兴得太早了。对于地外高级生物，只有当能同他们建立联系才有意义。就人类目前的认识来看，无线电信号是建立这种联系的唯一可行的途径，因而必须进一步探讨有多少个行星上居住了有能力发送这种信号的文明生物。如果他们从存在以来一直在发送这种信号，那就应该有 100 万个正在进行无线电发送的行星。但事实上不要说藻类，就是人类在100多年前也还没有这种能力。另一方面，技术已遭到破坏，以及本身已遭到毁灭的生命形态也是不会这样做的。

请不要忘记，差不多在能发射无线电信号的同时，人类也研制成了大规模核武器，它们足以把地球上全部生物彻底毁灭。外星人会不会为失去理智的战争狂所支配而毁掉自己呢？这种可能性不能完全排除。

我们可以乐观地认为外星人有能力、有理智解决那些我们所担心的问题，并假定他们在和平繁荣的环境中生活了100万年。由于科学技术极为发达，生活充分富裕，他们必然会想到、也完全有能力耗费巨资来从事有重大意义的开创性研究，其中包括试图同外部世界同类建立联系。他们在100万年内不停地向外界发送强有力的无线电信号。这么一来在100万颗行星中，就有一小部分正在发播这种信号，这部分所占的比例是100万年除以40亿年，即0.025%。这意味着目前正在发送信号的只有250颗。如果它们均匀地分布在银河系中，则相邻两颗之间的距离约为4 600光年。人类发出的信号要经过4 600年才能送到离我们最近的外星人那儿。如果他们收到了并随即发出回答，那要收到他们的回音我们还得再耐心地等上4 600年！奥兹玛计划的联系对象离开我们只有十几光年，这样做实在没有多大意义。要使计划变得有实际意义，必须监听4 600光年范围内每一颗类似太阳的单星是否在发出有含义的信号。

人类有历史记载的只有4 000年，如果外星人只是在4 000年长的时间内有能力进行无线电发播，那么今天在向外界播发信号的就只有一颗行星！于是，整个银河系中除地球外充其量也就再有一种文明生物在发送信号，我们用射电望远镜在银河系内留心倾听这种信号的种种努力就完全是徒劳无功之举！

读者也许会为这一结论深感失望。那么实际情况同这里所估计的会有多大差异？上面的讨论中有许多不确定因素。每颗单星周围都有行星吗？生命是否只能在地球这样的环境下诞生？还有，实际上我们并不知道一种智慧生物到底能生存多久，他们能一直生存下去吗？这些问题恐怕在相当长时间内还无法作出明确的回答。然而原始人又何尝想到今天的大型客机、彩色电视、快速电子计算机和登月飞行呢？只要人类能在和平繁荣的环境中一直生活下去，科学的发展会逐步回答这些问题。不过就目前来看，外星人即使存在，我们也暂时无法同他们进行有效的联系。因而，把不明飞行物同天外来客的宇宙飞船联系在一起恐怕是不可信的。

寻找地外生命

为了寻找地外生命，1999 年 5 月 24 日，一个名为“相遇 2001”的公司借助克里米亚半岛的乌克兰叶夫帕托里亚直径为 70 米的射电望远镜，朝 4 颗 50～70 光年远的类太阳恒星方向发射了一系列射电信号，这是人类 25 年来第一次有意识的星际广播。

早在 1974 年 11 月 16 日，美国射电天文学家德雷克曾用阿雷西博直径为 305 米的射电望远镜向 24 000 光年以外的球状星团 M13 发送过信号。可那次信息的长度仅为 3 分钟，由 1 679 个字节组成，其中包括了地球在太阳系中的位置、人类的外形和 DNA 资料、5 种化学元素的原子构成形式以及一个射电望远镜的图形。

相比之下，此次发送的信号比德雷克的那次内容更为丰富，而且被地外生命接收到的可能性更大。该信号的发送频率为 5 010 千赫兹，比电视广播强 10 万倍，长度达到 40 万比特，它包括一系列页面，有地球和人类的详细资料、基本符号、用逻辑描述的数字和几何、原子、行星及 DNA 等信息，并在三小时内重复发送三遍。

当然，两次信息的发送都使用同一种二进制数学语言，因为只有这种语言，我们才有可能和宇宙中假定存在的地外生命沟通。科学家们相信，任何具有一定数学知识的地外生命都有能力破译这些二进制编码，进而了解其内容。如果他（她或它）真能截取并记录下这些信号，那么就会了解地球、太阳系、人体、人类文化和技术水平的大致状况。

另一方面，由于缺乏功能足够强大的计算机，科学家们还建立了 SETI@home 系统，以便在处理射电望远镜收集到的地外生命信号时，得到全球计算机用户的帮助，防止这些信号溜掉。

43. 相形见绌——太阳的引力和质量

地球在太阳的引力作用下，在一条接近圆形的轨道上绕太阳公转，地球做圆周运动的离心力（离心惯性）与太阳对它的引力，大小相等，方向相反，即两个力处于平衡。我们已经测得地球的公转速度为 30 千米每秒，地球到太阳的距离（即轨道半径）约 1.5 亿千米。这样，根据约一瞬时离心力和引力相等的条件，就可算出太阳的引力强度。测出了太阳的引力强度，就可以测定太阳的质量。所用公式为：

$$R_{地} = GT_{地}(M_{地} + M_{太})$$

式中：$R_{地}$ 为地球轨道半径；G 为引力常数；$T_{地}$ 为地球的公转周期；$M_{地}$ 和 $M_{太}$ 分别是地球和太阳的质量。

由于 G 已知，$T_{地}$ 已知，$R_{地}$ 和 $M_{地}$ 可测量，因而可求得太阳的质量 $M_{太}$。

实际上，地球的质量与太阳质量相比微不足道，两者之和几乎就等于太阳的质量，即地球的质量可忽略不计。

44．速力等效——科学解释比萨斜塔实验结果

伽利略的比萨斜塔实验是大家所熟知的，那就是让不同比重的物体从斜塔顶上自由下落，如果不考虑空气阻力因素，它们都会同时落地。伽利略由此得出结论："在重力作用下所有物体的下落速率相同。"但为什么是这样？当时没有人能解释清楚。

只有到了爱因斯坦时代，才能用他的广义相对论说清楚，那就是"加速度与引力等效"。伽利略说的"重力"就是"地球引力"，而"速率"就是"加速度"。所以比萨斜塔实验结果可以叙述为："在地球引力作用下所有物体的下落加速度相同。"根据相对论的观点，我们可以把不同比重的物体看做是静止不动的（也就是它们不是在地球引力作用下下落），而可以把地面看做是在以 1 个地球重力加速度向上运动，它当然是同时到达塔顶与各种不同比重的物体接触。在这里，我们确确实实地看到了加速度与引力等效是比萨斜塔实验结果的解释。

如何理解加速度与引力等效

根据狭义相对论，物体加速运动会使时间膨胀，如果加速度与引力等效的话，引力也应该会使时间膨胀。引力大，时钟走得慢；引力小，时钟走得快。由此推知，离地球近的时钟走得慢，离地球远的时钟走得快。这是很好验证的。

1960 年，美国哈佛大学的物理学家对安装在水塔底部和顶上的两只同样的原子钟进行比较，结果发现水塔底部（即离地球近）的钟走得慢一些。

1976 年，马里兰大学将精确度为 1 000 万亿分之一秒的原子钟由飞机带到 9 000 米高空，与地面上同样的原子钟比较，扣除速度效应引起的时间膨胀，发现地面上的钟确实每小时要慢几十亿分之一秒。

美国国家标准局一只离海平面 1 650 米的原子钟，比英国皇家格林尼治天文台的一只离海平面 25 米的同样的钟，每年要快 500 万分之一秒。

45. 重大研究——探测 W 和 Zo 粒子

在 1967 年预言存在弱相互作用重粒子 15 年之后，即 1983 年 1 月，意大利科学家卡洛·鲁比亚等人，在欧洲核子研究中心的质子对撞实验中，几次捕捉到 W+（带正电）和 W-（带负电）粒子，它们的质量约为质子质量的 90 倍。

同年 6 月，鲁比亚等人又在质子对撞实验中发现不带电的中性的弱相互作用重粒子 Zo。

根据理论推测，在宇宙大爆炸时，会产生大量的 W 和 Zo 粒子，而且会遗留至今，星系就沉浸在一大群呈团块状又缓慢运动的 W 和 Zo 粒子之中。但是，迄今没有确认捕捉到天然 W 和 Zo 粒子。

捕捉 W 和 Zo 粒子的核心仪器设备由锗、硅和其他晶体组成，放在制冷系统中，如果 W 和 Zo 这种重粒子撞击晶体内的一个原子核，就会产生晶体振荡，发出很弱的声波，随着波的传播和衰减而转变成热能，接近绝对零度的探测器，就会感到这种热脉冲。为避免干扰，实验设备都放在很深的地下，如英国科学家就把它放在一座盐矿里。

46. 雾霭重重——十大宇宙未解之谜

我们在宇宙中是唯一的吗

多年前，天文学家弗克·德雷克首次启动了探寻地外文明的奥兹玛计划——用巨大的天线（射电望远镜）接受外星文明发射的信号。现在，天文学家的努力仍然在继续着。然而，即使是迄今为止规模最大的“凤凰”计划，也还没有找到任何来自外星文明的无线电信号。

宇宙是由什么组成的

一个脱口而出的答案是：由那些亮晶晶的星星组成的。但在最近几十年中，科学家越来越发现这个答案是不正确的。天文学家认为，组成恒星、行星、星系——当然还有我们——的物质，或者叫普通物质，只占宇宙总质量的不到 5%。他们估计，另外 25%，可能是由尚未发现的粒子组成的暗物质。剩下的 70% 呢？天文学家认为那可能是暗能量——让宇宙加速膨胀的力量。暗物质和暗能量的本质是什么？科学家正在用加速器和望远镜寻找这些问题的答案，如果找到了，其意义肯定是宇宙级的。

地球内部如何运作

40 多年以前，一场地球科学的革命发生了。板块构造学说更新了关于地球自身的知识。但是关于地球内部构造的问题，仍然沿袭着革命之前的知识。科学家在这40多年中所做的，就是把这个鸡蛋模型分为地壳、地幔和地核进一步细化。借助越来越先进的地震波成像技术，科学家正在研究地球这个庞大机器的运作过程。但是要掀起另一场科学革命，可能还需要半个世纪。

地球温室将变得多热

尽管大气的二氧化碳浓度肯定会在这个世纪继续增加，尽管这种增加肯定会带来全球变暖，但是变暖的程度仍然不太确定。科学家一般认为，这个世纪二氧化碳浓度的加倍会带来1.5～4.5摄氏度的升温。但是这不够精确。科学家正在发展新的数学模型，试图让数字令人信服。

物理学定律可以被统一起来吗

苹果落向地面，一道闪电划过长空，核电站反应堆里的铀原子衰变同时放出能量，超级加速器击碎质子。这几种现象代表着自然界中四种基本力的作用，也就是引力、电磁力、弱力和强力。宇宙间所有的物理现象都可以用这四种基本力进行解释。但是科学家并不满足。有没有可能把这四种力统一成为一种？20个世纪60年代，物理学家发现弱力和电磁力是可以统一起来的，它们是一种事物的不同侧面，统称电弱力。

在量子不确定性和非定域性之下，还有更深层次的原理吗

量子理论已经诞生了100年有余，它产生了令人信服的应用成果，但是它也带来了反直觉：量子力学的不确定原理指出我们无法同时精确地获得一个物体的动量和位置。而非定域性让两个处于量子纠缠态的粒子的纠缠态同时崩溃，而不管它们相距多远。爱因斯坦就说过："尽管量子力学给我留下了非常深刻的印象，但是一个内心的声音告诉我，它还不是真实的东西。"

我们能把化学自我装配推进多远

在某种意义上，化学家是最喜欢发明的一群人，因为他们总是不断制造出新型的分子。尽管今天的化学家已经能制造出很复杂的化学结构，他们能让这项工作变得既简单又复杂吗？也就是说，让"原料"原子自己"装配"成复杂的结构，就像生命所表现出来的那种自我装配的特性。已经有一些化学自我装配的实例，例如制造类似细胞膜的双层膜结构。但是更高级的自我装配，例如自下而上地制造集成电路，仍然是一个谜。

传统计算的极限是什么

有些事看上去很简单但是解决起来很复杂，例如一个推销员要走遍毗邻的几个城市，那么怎样走才能实现总路程最近？城市数量的增加会让最强大

的电子计算机也感到畏惧。20 世纪 40 年代，信息论之父香农提出了信息（以比特方式存在）储存和传递所遵循的物理规律。任何传统的计算机都不能超越这个规律。那么，在工程上，最终我们能造出多么强大的计算机？不过，非传统的计算机可能并不受到这些限制，例如近年来兴起的量子计算机。

意识的生物学基础是什么

17 世纪的法国哲学家有一句名言："我思故我在。"可以看出，意识在很长时间里都是哲学讨论的话题。现代科学认为，意识是从大脑中数以亿计的神经元的协作中涌现出来的。但是这仍然太笼统了，具体来说，神经元是如何产生意识的？近年来，科学家已经找到了一些可以对这个最主观和最个人的事物进行客观研究的方法和工具，并且借助大脑损伤的病人，科学家得以一窥意识的奥秘。除要弄清意识的具体运作方式外，科学家还想知道一个更深层次问题的答案：它为什么存在？它是如何起源的？

什么控制着器官再生

有一些生物拥有非凡的修复本领：被切断的蚯蚓可以重新长出一半身体，而蝾螈可以重建受损的四肢……相比而言，人类的再生本领似乎就差了一点。没有人可以重新长出手指，骨头的使用也是从一而终。稍可令人安慰的是肝脏。被部分切除的肝脏可以恢复到原来的状态。科学家发现，那些可以让器官再生的动物，在必要的时候重新启动了胚胎发育时期的遗传程序，从而长出了新的器官。那么人类是否可以利用类似的手法，在人工控制下自我更换"零部件"呢？

47. 更上层楼——首次发现光对小行星的推力

美国天文学家宣布，他们首次观察到了雅科夫斯基效应的现象，这将有助于更好地了解近地小行星对地球的威胁。

雅科夫斯基效应是大约 100 年前提出的，即小行星表面受阳光照射升温后，会向外辐射热量，这一过程会产生微弱的反作用力。由于小行星表面各地区温度不同，辐射热量的速率也不同，产生反作用力不均衡，会影响小行星的轨道，作用就像一个很小的火箭发动机。科学家认为，对太阳系内部的某些小行星，雅科夫斯基效应会拉近它们与地球的距离，增加它们对地球的威胁。由于雅科夫斯基效应非常微弱，用光学望远镜很难察觉到小行星轨道在其作用下的变化。

美国宇航局喷气推进实验室（JPL）的科学家利用设在波多黎各的阿雷

西博望远镜，对一颗名叫 GOLEVKL 的小行星进行长期观测，用望远镜上装备的雷达测距仪精确测量它与地球的距离，终于发现了雅科夫斯基效应对小行星轨道的作用。

这颗小行星是1991 年被发现的，长约350 米，2003 年 5 月曾到达近地点，当时距地球约1 600 万千米。雷达测距仪发现，小行星在近地点的准确位置，与此前根据引力计算的结果存在 15 千米的偏差。如果考虑雅科夫斯基效应，结合小行星的自转速度、表面形状和反射率，对预测的小行星轨道进行修正，就与实际观测结果吻合了。

这一成果使科学家对预测其他近地小行星的轨道更有信心。他们还根据观测数据推算出这颗小行星的质量，并计划将此次研究的经验应用于其他小行星，希望能在不需要发射太空探测器的情况下，更深入地研究小行星的质量、密度和表面特性等。

48. 众象丛生——太空中辐射的来源

人进入太空，辐射防护是一项重要的生命保障措施。那么，太空中的辐射是从哪里来的呢？

太空中的辐射有多种来源。

地球辐射带的辐射是地球磁场俘获太阳发出的高能粒子形成的辐射。

太阳电磁辐射是太阳发出的从 g 射线到无线电波的辐射。

太阳风是太阳发射的稳定的等离子体流。太阳耀斑爆发时，提高了速度的太阳风会引起地球磁场爆发，产生强烈的 X 射线辐射。

太阳宇宙线辐射是太阳表面爆发喷射出来的高能粒子的辐射。

银河宇宙线辐射是银河系产生的各种高能带电粒子的辐射。

宇宙线辐射是银河系以外广大宇宙空间存在的高能带电粒子辐射，有时也把银河宇宙线辐射甚至太阳宇宙线辐射包括在内。

49. 谜深似海——太阳的诞生

年龄问题解决了，太阳系的出生之谜同样令一代又一代的智者伤脑筋。不论是谁提出一个假说，都必须解释太阳系中的重要现象。比如说：几乎所有绕太阳旋转的天体的运动方向都是一致的，而天王星和金星反其道而行之；太阳系内天体的轨道平面相互之间的夹角都很小；行星的赤道面与太阳的赤道面一样，都近似地平行于各个行星的公转轨道面；四颗类地行星——水星、金星、地球、火星——的密度，远比类木行星——木星、土星、天王星、海王星——的密度大。

潮汐理论是早期的一种假说。1785 年，法国人布丰提出，一颗巨大的彗星在久远的年代与太阳相撞，分裂为漫天的碎块，飞散到太空中形成了地球和其他行星；或者在引力的作用下从太阳身上扯下一大块气态的碎片，经过冷却后变成了行星。

显然，按照这个法国人的观点，太阳系众行星是特殊事件产生的幸运儿。但是宇宙中有无数的恒星，围绕它们旋转的行星更是数不胜数，不可能每一个有行星环绕的恒星，都有一段与一颗不期而至的彗星"激情约会"的经历。

有人估计在银河系中，理论上按照布丰的观点产生的行星系统不会超过 10 个。因此，太阳系的形成更有可能是"自力更生"的结果，而不是在外力"接生婆"的帮助下诞生的。

50. 说法不一——太阳的自转和公转周期

太阳与其他天体一样有自转。由于太阳是一个气体球，因而它的自转为较差转动，转动速度随纬度而变化。关于太阳的自转周期，其数据目前还不一致，有说 25 天的，也有说 27 天的。

太阳除自转外，还与其他物质一起绕银河系中心公转，这也是银河系的自转。太阳在银河系的一条旋臂上，距银河系中心约 9.8 万光年。在这个位置上，银河系的自转速度为 250 千米每秒，当然，这也就是太阳的公转速度。

关于太阳的公转周期，目前的估算数据也不一致，有说 2.5 亿年的，也有说 2 亿年的。随着科学技术的发展，相信太阳的公转周期的说法会逐渐趋向一致。

51. 此消彼长——太阳能延寿的原因

20 世纪二三十年代，人们弄清楚了太阳（恒星）的能源来自其内部的氢聚变反应。

我们知道，构成恒星的主要物质是氢和氦。由于其内部的高温，氢聚变为氦，放出大量能量，因而光芒四射。太阳从放出第一束光芒至今，已有 50 亿年的岁月。

在 20 世纪 90 年代以前，根据太阳的氢含量，科学家们估计，在其内部被氦球占据，氢燃烧熄灭，大约还有 50 亿年的时间，即太阳的寿命为 100

亿年。

后来，航天器对太阳的探测发现，太阳内外层之间存在着强烈的对流。由于这种对流，外层的氢可以流向内层，补充不断消耗的氢，因而可以延长氢聚变反应的时间。科学家们估计，太阳的寿命因此可延长10亿年，达110亿年。

52．云山雾罩——太阳系中的谜团

水星如何诞生

最靠近太阳的行星是水星，它是如何诞生的呢？有两种说法：一种认为，水星最靠近太阳，是在原始太阳系星云中的高温区域，由凝固的金属铁及其他材料物质堆积而成。第二种认为，水星是在巨大的原始行星互相碰撞的时候，由彼此的金属铁融合而成。

金星为什么灼热

据人类目前所知，相对于火星来说，金星的自然环境要严酷得多。其表面温度高达500摄氏度，大气中的二氧化碳占到90%以上，时常降落狂暴的具有腐蚀性的酸雨，还经常刮比地球上12级台风还要猛烈的特大热风暴。金星的周围是浓厚的云层，以至于20余年（1960~1981年）间从地球上发射的近20个探测器仍未能认清其真实面目。

三个关于月球的未解之谜

（1）形状不规则。

20世纪六七十年代，太空探测器发现，处于月球与地球地心连线上的月球半径被拉长，也就是说，如果沿赤道把月球分成两半，截面不是正圆，而是像橄榄球一样的椭圆，“球尖”指向地球。但迄今无人能就月球当前形状的成因给出完全令人信服的解释。

（2）质量不均匀。

月球形状的另一个谜团是，月球面对地球一面在物质构成及外貌方面与背对地球一面差异很大：前者地壳比另一面地壳薄许多，并拥有由玄武岩构成的广阔平原，这些平原被称为月海，这是很久以前月球表面火山喷发的结果。背对地球的一面地壳厚很多，有更多陨石坑，几乎没有月海。

一定程度上，月海中密度较高的玄武岩使月球的质量中心不在几何中心偏离了约1.6千米。但是，迁移的发生过程尚不清楚。

（3）月地渐远离。

月球正在逐渐远离地球，每年约3.8厘米。

现在的月球自转和公转周期相同，所以它的一面总是朝向地球。科学家估计，和现在约38万千米的距离不同，早期的月地距离可能只有约2.6万千米。

木星为什么有大红斑

木星是太阳系星之冠，它的直径达14.28万千米，体积是地球的1 316倍，质量是地球的318倍。从地球上看木星，总放射着金色的光芒。表面有许多连绵不断而明亮的条纹，以及奇妙的大红斑点。

地球人观测位于木星南半球的大红斑已经有300多年了。大红斑差不多有两个地球那么大。

大红斑是反时针旋转的高压云形成的巨大旋涡。它之所以呈现红色，是因为云下层的磷化氢被搬运到上空，受到太阳紫外线照射而转化为磷的缘故。大红斑是如何形成的呢？目前科学家还不清楚。

为解开木星之谜，美国于1989年10月18日发射了“伽利略”木星探测器，开始了对木星的专门探索。“伽利略”木星探测器对科学界意义重大，因为科学家认为，了解木星有助于揭开行星系统的起源之谜，找到太阳系形成和演化的模型。

1994年7月22日，“伽利略”到达距木星1亿多千米的地方，观测到了苏梅克-列维9号彗星的碎片与木星相撞的壮观景象，并发回了第一张相撞的图像。它还捕捉到最后一块彗星碎片撞击木星的情景。这在当时轰动了全球。

1998年10月，“伽利略”发现木星的两颗卫星上存在海洋。

气体卫星为什么有环

木星、土星、天王星、海王星全部有环，各不相同。土星的环又薄又暗，由岩石粒子构成。土星的环又大又亮，由水冰构成。环的成因有几种不同的说法。其中一种是，过去存在的卫星或彗星被行星的潮汐力破坏，分裂成小碎片，有的碎片进入环绕行星公转的轨道，因而形成了环。

53. 肖像素描——外星人的模样

美国航天局（NASA）曾经突发奇想，把一些行星专家、生物学家和科普作家找来，请他们考虑一个问题：到底是些什么动物会住在宇宙深处。还请他们根据假想居住环境的化学和物理条件来勾画出当地动物的模样。

密林中的钻沙虫

“降落伞软体虫”很像红水母，在火焰般的云彩中动动小腿，像在波涛中摇晃。这像是没有坚固表面的木星的居民。“滑翔机”和“钻沙虫”是有前触角和吻的多足纲动物，它们定居在火星的荒漠里。“滑翔机”靠张开像手风琴折层般的翅膀飞翔。“钻沙虫”则像仙人掌浑身都是刺，好在刮大风时会团成个刺球翻滚而不伤着身体。“钻沙虫”头顶上和身子两侧各有一双眼睛，好让它们钻进沙土和出来后都能看见东西。《外星人科学》一书的作者克里福德宣称：不久前他们曾试图制作出远离地球有好几十光年的地球2号的假定模型。假设该行星的质量只有地球的一半，可它的大气层里二氧化碳稍多一些，频繁的火山喷发使其地动山摇，结果是上面的3个大洲一会儿合拢，一会儿散开。将这些资料输进一种专门的电脑程序里，希望能知道地球2号都有哪些生命。电脑的答案是：“有一种介乎于马和长颈鹿之间的3条腿大型动物。”说不定这就是斯威夫特小说中格列佛到那些岛上所看到的有理性的马——慧马因。克里福德充满了幻想，认为这种动物的第3只后腿理应格外发达，它们像袋鼠一样借助它蹦来蹦去。地外生物到底应该像谁，是像人还是像鬼，科学家们至今意见还不能统一。现在所搜集到的这种外星人“肖像画”从生物能凝结成块到大头小矮人，可谓是应有尽有。

外星人在你身边

生命如何起源？地球之外的星球是否有生命存在？这是许多科学家一直在苦苦探索的问题。澳大利亚的研究人员保罗·戴维斯教授和查尔斯·林维瓦在《天体生物学》刊物上提出了他们的新理论，寻找外星生命的踪迹不一定非得跑到其他星球，我们身边就可能有外星生命形式存在，“外星人”也许就生活在我们中间，但你不要以为它们的相貌是长着臭虫眼睛的怪兽。这些“外星人”只是体内携带着外星生命的基因而已。我们每个人身上都存在外星生命成分。科学家提出“外星生命说”，“外星人”也许就生活在我们中间。

外星生命和 UFO

与外星人接触的报道自 UFO 发现以来就非常多。其内容大多集中在以下几个方面：

（1）外星人把受害人弄到飞碟上，采取基因，报道的评论一般是外星人可能利用人类的基因改良自身。

（2）经过试探，外星人与地球上的某人接触，告诉地球人地球的历史、他们和别的星球的交往情况，劝诫人类不要战争。

（3）远距离看到外星人“采集标本”，不敢靠近或被定住。

（4）飞碟残骸和外星人尸体的发现，被官方隐瞒了等，反正除了目击者没有证据了。

第二节　思想火花——宇宙科学知识释义

1．开天辟地——爱因斯坦的相对论

广义相对论的核心内容

概括起来说，广义相对论是关于空间、时间和运动的理论。它描述万有引力如何控制我们宇宙的行为，那就是物质告诉时空必须如何弯曲，时空弯曲告诉物质必须如何运动。这就是“物质制造曲率，曲率使物质运动”。

在这里，我们可以看到，在牛顿及其以前的宇宙中，空间和时间只不过是物质运动等事件发生、发展的舞台背景，时间和空间相互分离，时间被认为是永恒的，像两端无限延伸的铁轨，独立于万物而存在。而在广义相对论中，时间和空间密不可分，它们从事件发生、发展的被动背景变成为事件发生、发展的动力，即主动参与者。

广义相对论与狭义相对论有何不同

狭义相对论没有包含引力，加入了引力的狭义相对论就是广义相对论。但是，要找到一个与狭义相对论相协调的引力理论是非常困难的，主要是狭义相对论关于光速极限的基本假设与牛顿的引力理论不协调。牛顿的万有引力理论是，两个物体之间的引力大小与它们的质量成正比，与它们之间的距离平方成反比。如果在瞬间改变两个物体之间的距离，而要求它们之间的引力效应的传递速度无限，这显然是与光速极限相矛盾的。因此，要想将狭义相对论发展成广义相对论，必须提出新的理论观念。爱因斯坦提出的新颖观念有两条：一是加速度与引力等效，即任何加速度相当于引力；二是引力作用可选择一个适当的加速度来消除。

2．真空能量——什么叫“零点能”

所谓零点能，是指接近绝对零度下的真空能。

所谓真空，并不是一无所有的空间。在地面上的人造真空，是指空气密度比海平面低得多的空间，用真空度来描述。太空中的气体和尘埃粒子是很稀薄的，属极高度真空。即使连这些也没有的宇宙空间，也充满着各种波长的粒子。

根据量子力学的“测不准原理”，即不可能同时知道一个粒子的位置和

动量。这就意味着，在绝对零度下的粒子也不会绝对静止，否则就可以既知道它的位置又知道它的动量了。由于粒子在绝对零度下有抖动，因而有动量。

由于能量和质量等价，在绝对零度下的真空中，也会有正反粒子时隐时现。它们由借来的能量产生，然后又很快相遇湮灭为能量。这种“起伏”使真空也发射能量。

有人设想利用太空中的零点能作为宇宙航行的能源。但这还属幻想的遥远目标。

3. 飘忽不定——“上帝不掷骰子”

爱因斯坦早期的一些科学研究，为量子力学的建立打下了基础。他一生中获得的唯一诺贝尔奖，也是与量子力学有关的光电效应的研究，但他却一辈子不肯接受量子理论，特别是其中的不确定性原理。他始终认为，对粒子运动不确定的理论只是暂时的解释，总有一天会被另一种能够消除所有不确定因素的理论所取代。他反对不确定性原理的一句名言就是“上帝不掷骰子”，意即粒子运动应该是确定的，不会像掷骰子那样随遇（不确定）。

爱因斯坦在纪念牛顿逝世200周年时说过：“牛顿理论的精髓可能会给我们提供力量，去恢复物理现实与牛顿教诲中最深奥的特点——严格的因果律——之间的和谐。”

后来，霍金针对爱因斯坦“上帝不掷骰子”的名言说：“上帝不只是掷骰子，还把骰子掷到我们看不到的地方！”

4. 量子物理——“小妖精世界”

量子物理学的不确定性原理，粒子可以从“无”中产生，以及薛定谔猫思维实验表现出来的精神支配物质、精神影响客观存在等理论，使许多人感到迷惑，难以接受，甚至反对。

爱因斯坦就坚决不接受精神影响客观存在这种逻辑结论。他说：“我不能想象，只是由于看了它一下，一只老鼠就会使宇宙发生剧烈的变化。”他还反问道：“没有人观察时，月亮是否存在？”

霍金也曾幽默地说过：“我一听说薛定谔的猫，就跑去拿枪。”

正像量子物理学的坚定支持者尼·玻尔所说：“如果一个人说他可以思考量子物理学而不会感到迷惑，这只不过说明他一点也不懂量子物理学。”玻尔认为，粒子是一个模糊世界，只是在受观测时才变成具体的实在，没有观测时就是一个幽灵。

俄国物理学家斯达洛宾斯基用“小妖精世界”来形象地比拟量子物理学。

5. 思维设想——“薛定谔猫”

量子力学的创始人之一埃·薛定谔在1935年做了一个思维实验，设想在一个与外界完全隔绝的容器中放一只活猫，容器中有一个盛有毒药的密封玻璃瓶，瓶的上方安装着一台仪器，它可以被诸如放射性原子衰变等量子事件所触发，从而使一把锤子下落，打碎玻璃瓶，使毒药散发出来，将猫毒死。如果没有原子衰变等量子事件发生，则猫继续活着。按照人们的一般常识来猜测，猫非死即活。但按照量子理论，却是活猫和死猫两种状态并存，即死活两种状态叠加在一起，是一只又死又活的猫！直到有人从容器外进行观察（测量）时，才能断定猫是活着还是死了。

这个思维实验突出地说明了量子力学中观察（测量）行为的不可思议的含义。在这里，观察（测量）者成为物理实在的关键要素，精神（意识）可以支配物质，这似乎与整个科学精神相矛盾，因为科学是一项不带个人色彩的客观事业。

6.“无”中生有——“宇宙免费午餐”

一些宇宙学家认为，大爆炸初期的宇宙就存在伪真空态，宇宙中的物质粒子就是从那种伪真空态中从“无”中产生的。

一些宇宙学家进一步认为，量子引力理论也允许时间和空间自发地、没有原因地从“无”中产生，就像粒子自发地、没有原因地从“无”中产生一样，而不违反物理定律。

根据量子引力论的这些理论，包括物质、时间和空间在内的整个宇宙都是从“无”中产生的。因此，宇宙学家艾伦·古斯说：“人们常说没有免费午餐这回事，然而，宇宙本身就是一份彻底的免费午餐。”

7. 超弦理论——M理论

M理论是超弦理论的发展，是在1996年诞生的。M理论认为，一维的弦可延展为二维的面，在这里称为“膜”；二维的膜则可卷曲成三维的圆环膜，乃至十维或十一维空间交错的膜。这些膜之间存在一种对偶性的关系网，使所有这些膜在本质上都是等效的。也就是说，它们只不过是同一基本理论的不同方面。

膜的对偶性表明，所有5种超弦理论都描述同样的物理，而且它们在物理上与超引力等效。这就暗示了5种超弦理论只不过是M理论的不同表述。这样，M理论就将5种超弦理论统一到一个单一的理论框架中来了。

M理论认为宇宙是十维或十一维的，但低能情况下（如目前的情况），除四维时空外，另外的六维或七维卷曲得很小很小；如果在极高的能量下（如宇宙大爆炸早期），就会看到宇宙的十维或十一维时空。这就像肉眼看头发只是一维的线，而用高倍放大镜观察就能看到它的三维结构一样。

当然，也有人认为，目前的宇宙除四维时空外还可能存在一些大维度。

8. 若即若离——不确定性原理

根据经典物理学，如果我们要预言一个基本粒子未来的位置和运动速度，就必须准确地测量出它现在的位置和速度。但是，德国科学家威·海森堡发现，对基本粒子的位置测量得越准确，对速度的测量就越不准确。反过来也一样，对速度测量得越准确，对位置的测量就越不准确。

由此，海森堡在1926年提出了粒子的“测不准原理”，也就是“不确定性原理”。它的含义是：不可能知道一个粒子在什么位置上，同时又知道它如何运动。位置与运动（严格地说是动量）构成微观粒子实在性互不相容的两个方面。海森堡指出，粒子位置的不确定性乘粒子质量，再乘速度的不确定性，不能小于普朗克常数。

9.“单一超力”——超统一理论

大统一理论无法统一引力，将引力也统一为单一超力的理论就叫超统一理论，也叫“超引力理论”。由于这种理论引入了超对称概念，所以又叫“超对称理论”。

对称是一个普通的概念，如上下、正反等。在物理定律中，也一直存在着电荷、镜像和时间对称。后来发现，在基本粒子的性质中，除了上述对称外，还存在着一种更玄妙的超对称，即粒子通过旋转而相互联系起来，一个旋转的粒子可以变成一个不旋转的粒子，一个组成物质的费米子可以变成一个携带力的玻色子，如光微子变成光子、引力微子变成引力子等。在一定意义上，所有基本粒子可以认为是同一“超子”的不同侧面。

超统一理论有许多不同的表述，其一是，时空除我们体验到的四维（三维空间一维时间）外，还有额外的一些维数。

但超引力理论也存在局限性。如霍金估计，要证实是否清除了无限大，一个能干的学生用计算机需要计算200年。

10. 超对称性——超弦理论

在统一理论的研究中，由于超引力理论的局限性等原因，到了1984年，人们对弦理论的研究热了起来，并发展出异形弦的新形式，从而诞生了“超弦理论”。所谓“超”，是指这个理论有近似的“超对称性”，即每个费米子都有一个相应的玻色子，反过来也一样。但是，这种超对称可以自发地破缺，从而使不同粒子可以相互发生关系。

到20世纪90年代中期，共发展出5种超弦理论。这些超弦理论，特别是其中的杂化超弦理论，可以描述所有的基本粒子，即它把一组基本粒子的所有粒子，既看成是物质的组成成分，又看成是把组成成分联系在一起的力场的量子。也就是说，组成物质的粒子与携带力的粒子是相同的。

根据超弦理论，弦状粒子在十维或二十六维时空中扭曲，产生了宇宙中的一切物质和能量，乃至空间和时间。

但超弦理论仍有许多困惑，如四维时空以外的那些额维哪里去了？5种超弦理论中哪一种是正确的呢？

11. 规范对称——大统一理论

科学家在研究物质的微观结构中发现，大自然存在明显的统一性。各种基本粒子和基本力是物质在低温（低能量）情况下的表现，在高温情况下它们将趋向统一。实际上，在19世纪60年代，麦克斯韦就用数学表达式，将电力和磁力统一到单一的电磁力中去了。1967年，温伯格和萨拉姆利用规范对称，又将电磁力和弱核力结合进一个统一的数学表达式之中，即将电磁力和弱核力统一为电弱力，在此基础上，科学家又试图将强核力也统一到电弱力中去。这就是大统一理论。

大统一理论的基本思想是，在高能量情况下，强核力变弱了，而电磁力和弱核力则变强了。在被称为“大统一能量”的非常高的能量情况下，这3种力都有同样的强度，可以看成是一个单一力的不同方面。在这种能量的情况下，夸克、电子等不同物质粒子也会趋向一致。

但是，大统一理论无法把引力也统一进去。

12. 单一能量——大统一能量

大统一能量是在大统一理论中将电磁力、弱核力和强核力统一为单一力的能量。大统一能量到底有多高还不清楚，估计至少有千万亿（10^{15}）吉电子伏（1 吉电子伏 =10 亿电子伏）。

目前粒子加速器的能量只有 100 吉电子伏，但这个能量已足够一个普通家庭使用几百万年！要把引力也统一进去，使 4 种基本力统一为单一的超力，能量将更高！

高能量就是高温度。科学家设想，在达到 10^{32} 开的极高温度时，4 种基本力会合并成单一的超力。这个温度正是宇宙开始膨胀后 10 ~ 43 秒时的温度。

13. 正反成对——对称宇宙论

根据大爆炸宇宙创生理论，基本粒子是从能量中成对地产生的，每产生一个正粒子就会产生一个反粒子。目前，科学家在实验室中制造粒子时也是这样，正、反粒子总是成对产生。

同时我们知道，正、反粒子相遇时会双双湮灭成光子并释放能量，这是大爆炸的逆过程。

既然这样，宇宙中就永远不会有物质生成。但实际上宇宙中却有恒星、行星等大量物质。

为此，一些科学家曾设想，由于某种还不知道的原因，正、反粒子生成后就彼此分开了，它们天各一方，各自形成各自的物质。这就是正、反物质各半的对称宇宙论。

但是，迄今既没有获得正、反粒子分离的机制，也没有观测到由反物质组成的行星、恒星和星系。而另一方面却诞生了物质对称破缺理论，认为在大爆炸的超高温度下，正粒子比反粒子的产生几率大十亿分之一。正是这多出的十亿分之一的正粒子，构成了宇宙中的物质，到此，对称宇宙论已基本“失宠”。

14. 多极宇宙——分权宇宙论和平行宇宙论

分权宇宙和平行宇宙，属量子力学多宇宙理论。

根据量子力学的测不准（不确定性）原理，物理学家尼·玻尔指出，在通过测量将某个粒子的位置确定下来之前，这个粒子可以同时处于几个位置，是测量行为迫使这个粒子选择其中的一个特定粒子。在“薛定谔猫”思想实验中，也是测量（观察）使死活叠加状态的猫，成为特定状态的死猫或活猫。那么，我们在观测宇宙时是否也属这种情况呢？

1957年，年轻的物理学家休·埃弗雷特提出，在我们对宇宙进行观测时，宇宙就从叠加状态确定为某一特定状态，即一种特定状态的宇宙从叠加状态的宇宙中分裂出来。每观测一次，宇宙就分裂一次。这就好像一棵大树，有大大小小的枝杈从树干上分离出来。这就是分杈的多宇宙理论。

后来，大卫·多奇将分杈宇宙理论稍作修改，认为存在着无数个平行的宇宙，在我们进行观测时选择了其中特定的一个，这就是平行宇宙理论。

15. “视界逃逸”——黑洞宇宙论

我们知道，黑洞的边界叫视界。视界是光线能否逃逸的分界线。在视界以内，由于光线不能逃出，所以看不见，得不到内部的任何信息。

视界正是表面逃逸速度达到光速的星体尺度。经过数学技巧上的简化，这个尺度 $r=2M$ 为天体的质量。如果太阳的半径缩小到3千米，地球的半径缩小到1厘米，那么，它们表面上逃逸速度就达到了光速，即光线也不能逃逸出来了。由于这是德国物理学家卡尔·史瓦西在1915年首先计算出来的，所以叫史瓦西半径。

在我们的宇宙中，光有一个能达到的最大距离（目前认为不超过150亿光年），这不就是我们宇宙的史瓦西半径吗？由此推论，我们的宇宙本身就是一个很大的黑洞。这个黑洞的视界就是我们宇宙的空间边界，在空间边界以外如果有智慧生命，他们对我们宇宙内部的事一无所知。

如果我们的宇宙是一个黑洞，则在我们宇宙之外还有一个更大的宇宙，我们的宇宙仅仅是那个更大宇宙中的一个黑洞，当然，那个更大的宇宙也可能是一个黑洞，这就是黑洞套着黑洞了。

16. 力的来源——基本力

自然界物质中蕴藏的各种力多如牛毛，如升力、浮力、阻力、摩擦力、吸引力、排斥力、弹力、穿透力、附着力、黏合力等。经过漫长时间的探索，科学家发现，这些力都是组成物质的粒子之间的力形成的。粒子之间的力共有4种，即引力、电磁力、弱核力和强核力。它们被称为基本力。粒子之间的基本力，也就是宇宙中的基本力。

人们曾经把物质只看做是力的来源。量子力学诞生后，才认识到物质还是力的传播（携带）者，力的性质与粒子的结构分不开，任何基本力都有与它相关联的基本粒子。如引力的携带者为引力子，电磁力的携带者为光子，弱核力的携带者为 W 和 Zo 粒子，强核力的携带者为胶子等。

17. 相对而言——静态宇宙模型

广义相对论以前，科学上一直认为宇宙整体是稳定不变的，尽管人们看到行星和卫星在不断地运动着。这就是静态宇宙模型。

静态宇宙模型认为，存在着一个固定的空间背景，恒星、行星和其他天体都在这个固定的背景舞台上表演，就像固定桌面滚动的台球一样。这是一个在时间中不变的永恒的宇宙。

18. 电荷守恒——量子场论

量子场论是将爱因斯坦狭义相对论、麦克斯韦电磁理论与量子理论结合起来的统一场论，是狄拉克等人在 1926～1934 年之间建立的。量子场论认为，每一种基本粒子都有它的反粒子。一个有质量的粒子和它的反粒子相遇时会双双湮灭而成为能量。同时，正、反粒子对也会有能量产生。在没有粒子、但聚集有足够能量的地方，若产生一个反电子，为了电荷守恒，必然会再产生一个电子，反之亦然。在微观世界中，即使在没有外部能量输入的情况下，一次内部能量的突然起伏，也可产生物质粒子，而且，任何特殊种类的粒子数目不必是常数。

量子场论不能处理引力，因为狭义相对论没有把引力包括进去。

19. 广义结合——量子引力论

量子引力论是将广义相对论与量子理论结合起来的理论。它包括引力场、电磁场和其他所有与基本粒子相关的力场。实际上，量子引力论是把量子场论推广到涉及时空的引力中。

量子引力论认为，在小于 10^{-33} 厘米的最初宇宙中，引力起支配作用，时空像能量和物质一样，是由颗粒组成的，引力是量子化的，它的量子过程可使时空突然膨胀起来。这样，量子引力论准许时空自发地、没有原因地创生和毁灭，就像粒子自发地、没有原因地创生和毁灭一样。其中最有名的推论，是霍金和彭罗斯做出的，他们从理论上论证了黑洞不是黑的，宇宙没有奇点，是完全自足的和没有边界的。

总之，量子引力论能够解释物质宇宙的内容、起源和组织，宇宙可以自己照管自己，而不需要上帝。

当然，量子引力论还存在许多困难，并没有取得完全公认的成功。

20. 多宇宙理论——泡泡宇宙论

泡泡宇宙是由暴涨宇宙理论产生的多宇宙理论。

1983 年，物理学家安德烈·林德提出，在宇宙大爆炸的极早期，有过一个很短的（10^{-32}秒）暴涨期，大约每隔 10^{-34}秒，宇宙的尺度扩大 1 倍。由于这种暴涨，将宇宙原有的各种不均匀性都抹平了。

暴涨的原因被认为是在一个极小的区域内存在巨大的能量和压力所致。一个亚原子粒子大小的区域，由于偶然的原因就可能成为这样的高强度的能量场。我们的宇宙也许就是在一个早就存在的宇宙（有人称它为“元宇宙”）中的一个能量场不断膨胀而来的。

在元宇宙中，会有许多这样的高强度能量场，它们都可能同时或先后膨胀出一个宇宙来。这就像一口正在熬胶的大锅，会有许多泡泡同时和不断地冒出。

在我们的宇宙中，也可能会生成这样的高强度能量场，从而诞生新的宇宙。

21. 轨道前移——水星的附加进动

行星绕太阳运行，由于受到其他天体引力的影响，其运行轨道的近日点会逐渐前移，这叫“进动”。

早在 1859 年，法国天文学家勒威耶就发现水星的进动。但是，他观测到的水星近日点进动值，比根据牛顿定律算得的理论值要大。他猜测可能是还有一颗水内行星的引力影响造成的。但经多年搜索，并不存在水内行星。

水星是最靠近太阳的行星，所受太阳引力场的影响最强，因此它的运行轨道很扁长。广义相对论预言，太阳引力场的影响，会使水星产生附加进动，其轨道的近日点大约每万年进动 1 弧度，即每百年 40.03 弧秒。这与观测值正好相符，因而解决了天文学上一个多年不解之谜。当然，这也是对广义相对论的一个验证。

22. 重要推论——速度效应

速度效应是爱因斯坦狭义相对论的一个重要推论。在牛顿经典物理中，运动物体走过的距离等于速度乘时间，时间等于距离除以速度。在爱因斯坦狭义相对论中也是这样，所不同的是，这里用的是处处不变的光速，速度效应就是由此而来的。它说的是运动的尺子会变长，时钟的钟摆摆动会变慢，也就是说它对相对静止的物体来说，长度收缩，时间膨胀。

在速度远低于光速时，这种速度效应不显著，如以 1 000 千米每小时的速度飞行的飞机，飞行 60 年时间，地面上的时间才相对膨胀了千分之一秒，距离缩短微乎其微。若达到 99.9% 的光速时，则时间膨胀了 22 倍多，距离缩短了95.5%。当速度几乎接近光速时，距离几乎为零，时钟几乎停摆。

23. 力磁统一——统一场论

我们知道，电有电场，磁有磁场，引力有引力场。爱因斯坦花费他晚年的大部分时间，企图建立一种统一场论，把他的广义相对论的引力理论与麦克斯韦的电磁理论统一起来。由于他没有把引力场和电磁场以外的力场包括进去，也没有把这个统一场论建立在量子力学的基础之上，因而没有成功。

24. 强力作用——弦理论

20 世纪 60 年代后期出现的弦理论，是一个用来描述强作用的理论。到 20 世纪 70 年代有人指出弦理论可以预言引力子的存在，因而可以用来描述引力和所有基本粒子。

弦理论用一维的弦（开弦和闭弦）来描述基本粒子，每条弦的典型尺度约为长度的基本单位，即普朗克长度（10 ~33 厘米）。弦的不同振荡模式和频率代表着不同的基本粒子。弦有某种张力，在低温情况下张力很强，弦收缩，它们的行为与点粒子无二。因此，对低温物理学而言，弦理论就是基本粒子理论。我们知道，不仅在低温（低能量）情况下，而且在高温（高能量）情况下，基本粒子也无法将引力与其他三种基本力融为一体。但弦理论就不同了，它们在高温（高能量）情况下，不仅不排除与引力的融合，而且要求与引力携手合作。

但在当时弦理论没有引起人们的重视。

25. 五彩斑斓——星虹

宇宙飞船高速航行时，在飞船前方，星星按蓝、白、黄、橙、红色的前后次序呈拱形排列，形成一道由星星组成的彩虹，被称为“星虹”。

宇宙飞船高速航行时，由于光行差效应，星星都跑到飞船前方去了。同时，由于多普勒效应使星星的颜色变化，因而形成五色星虹。

我们知道，在飞船后方的星星远离飞船而去，星光的波长向红端移动，即发生红移，越后方的星星红移越大，因而依次呈黄、橙、红色。而在飞船前方的星星则快速向飞船而来，星光的波长向蓝端移动，即发生蓝移，越前方的星星蓝移越大，不管原来的颜色如何，都依次变成蓝白色。这样就形成了蓝、白、黄、橙、红色的星虹。

26. 超强引力波——引力辐射

大家都知道运动的电磁场会产生电磁辐射和电磁波。大家也知道任何物质都有引力，形成引力场，质量越大，引力场越强。爱因斯坦在 1916 年预言，加速运动的质量（即引力场）会产生引力辐射或引力振荡，也就是会向外发射引力波。

不过，引力波一般很微弱，很难探测到。只有大质量天体的激烈活动才产生很强的引力波，如双星系统的公转、中子星的快速自转、超新星爆发、黑洞碰撞和捕获物质等过程。

1974 年，天文学家发现天鹰座一双星脉冲星（旋转的中子星），它们距地球 1.7 万光年，由于高速相互绕转，应该发射引力波。而引力波会带走能量，它们的运行轨道会缓慢地衰减，即以螺旋轨道相互靠近。天文学家为此一直在进行测量，1978 年，终于测得它们的轨道衰减率，而且正好与爱因斯坦广义相对论的预言一致。这被认为是对引力波理论的第一个观测证明。

27. 波长变化——引力红移

广义相对论预言，由于太阳的引力比地球的大，太阳上的原子中的电子，其振荡频率比地球上的要稍慢一些。这个预言可通过太阳的光辐射测量来验证。不过太阳的光辐射是从太阳表面发出来的，由于太阳的体积很大，太阳表面上的原子离太阳中心的距离很远，它们所受到的引力与在地球上所受到的引力相差并不很悬殊。因此科学家想到了白矮星，因为白矮星的质量与太阳差不多，而半径只有太阳的百分之一，它表面的引力要比太阳表面的引力大得多。天文学家通过测量从白矮星发出的光辐射，发现其频率确实明显地变慢。

在强引力场中的原子中的电子振荡频率慢，即波长变长，就是向光谱的红端移动，故被称为“引力红移”，以区别宇宙膨胀星系退行引起的红移。

28. 时空性质——引力阱

在广义相对论中，引力不像自然界的其他基本力，而是时空不平坦的一种后果，是时空自身的一种性质。时空不平坦是由宇宙中物质的分布决定的，一个区域中的物质密度越大，时空的曲率越大，即时空弯曲得越厉害。有人形象地将时空比做一张绷紧的弹力橡皮。其上分布着质量不同的天体，这些天体会在弹力橡皮上压出一个个坑来，质量越大的天体压出的坑越深。这些深浅不同的坑就被称为“引力阱”。各种天体的运动就是在各自的引力阱中滚动，滚动路线就是运动轨道。

用广义相对论的这种观点看苹果落地，从树上掉下来的苹果，不是被一个力拉向地球，而是苹果滚进了地球的引力阱中。小行星或彗星撞击地球，是它们从各自较浅的引力阱中滚进了较深的地球引力阱中。

29. 引力红移——引力时间膨胀

引力时间膨胀就是引力红移。我们知道，原子中的电子以极其准确的频率绕着原子核旋转，一个原子就是一只非常简单的钟。引力场使原子中的电子振荡频率变慢，就是钟摆的摆动变慢，也就是时间膨胀了。其实，早在广义相对论问世的1911年，爱因斯坦就认识到，引力场越强，钟走得越慢；同样的钟，离大质量天体越近，走得越慢。后来，爱因斯坦在广义相对论中得出的整体结论，叫做“引力时间膨胀”。当然，广义相对论认为引力与加速度等效，根据狭义相对论速度效应，也可得出引力时间膨胀的推论。不过，这二者还是有所不同的。

30. 基本粒子——重矢量玻色子

科学家将众多的基本粒子分成两大类：夸克、质子、中子等组成物质的粒子叫费米子；光子、胶子、引力子等携带基本力的粒子叫玻色子。

1967年，萨拉姆、温伯格和格拉肖等人在弱核作用力与电磁力的统一理论中，预言有携带弱核作用力的粒子存在。随后，李政道、杨振宁也做出同样的理论预测，并命名为W+、W-。理论分析这些粒子在正常温度下得到很大的质量（质子质量的1~1 000倍），因此叫重矢量玻色子。由于它所携带的力非常短程，原子核中由它黏合在一起的费米子之间距离稍微拉大，这种力就会不起作用，中子等就会跑出来。这就是原子核的衰变。制约原子核衰变的力叫弱核作用力，所以携带它的重矢量玻色子又叫弱核作用重粒子，英文缩写为WIMP。目前已知有3种重矢量玻色子，即W+、W-和Zo粒子。

31. 光阴故事——时间感悟

面对如此多的宇宙年龄答案，人们已经有点不耐烦了。于是，开始有人大声提问："谁来告诉我'时间'是什么？"这个问题问得有水平，没人问时大家都明白时间是什么，这一问，大家才明白，我们不知道时间是什么。宇宙由小到大地膨胀着，星系、星球、生物包括人类，都在光阴流逝的"时间"大道上行进着。对于冷热酸甜，我们的意识可以感觉，但是对于时间——在我们清醒时，我们可以感受时间的流动，而当我们安然入睡后，它就躲了起来，不让我们感觉到。一个叫普里戈津的俄籍比利时科学家提出了"内部时间"的概念。他提出，我们意识到的时间，是人体生理上的新陈代谢的反应。我们孩提时代学会的游泳、骑自行车等技能，即使长期不用，也很快能够找到感觉，这是人脑神经的一种不可逆的变化。而时间也与此类似，它也是人类在长期生存过程中的一种感觉。

如果你与普里戈津持相同的观点，你就不会对宇宙的年龄无法确定而心急了；你也不会面对天文学家提到的"从宇宙诞生后的1/1 000 000秒到1/1 000秒时，夸克、反夸克和胶子开始大量毁灭"等话语感到不可思议了，他们所说的时间，也都是人的感觉罢了。

不过对于整天为柴米油盐奔波的普通人来说，宇宙的年龄是100亿岁还是200亿岁，同自己并没有什么关系，在天文学家殚精竭虑地得出宇宙年龄的最新数据，然后兴冲冲地跑过来对你说："嗨，老弟，你知道吗，宇宙的年龄是170亿年。"你也许会耸一耸肩膀，略带拖腔地说："噢，就算是吧。"